NEW TECHNOLOGY THAT CHILDREN CAN UNDERSTAND

孩子也能懂的新科技

工业设计

文 / 〔美〕卡尔拉·穆尼　图 / 〔美〕汤姆·卡斯蒂尔

译 / 龙浩

U0338572

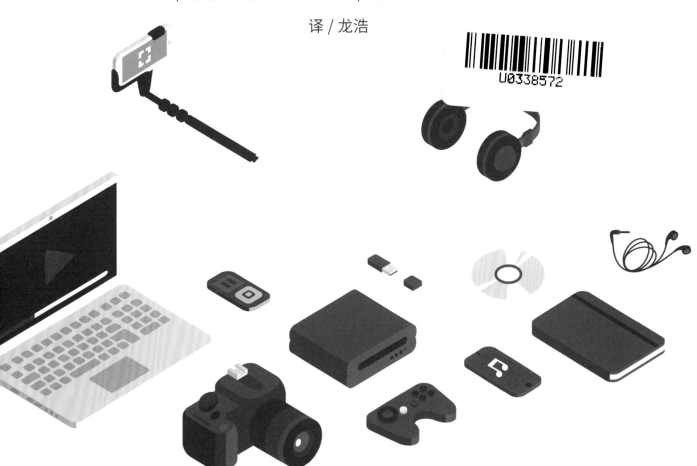

CNS
PUBLISHING & MEDIA
中南出版传媒

湖南少年儿童出版社 · 长沙
HUNAN JUVENILE & CHILDREN'S PUBLISHING HOUSE

时间线

15 世纪： 德国的约翰内斯·古登堡（Johannes Gutenberg）发明了第一台印刷机。设计师们用它来完成图书出版。

18—20 世纪： 工业革命给世界各地的城市带来了全新的理念、崭新的工厂和最新的制造技术。

1851 年： 艾萨克·梅利特·辛格（Isaac Merritt Singer）设计并制造了一种改良的缝纫机。

1859 年： 迈克尔·索涅特（Michael Thonet）设计的经典 14 号咖啡椅，成为第一把专门为大批量生产而设计出来的椅子。

1863 年： 美国的詹姆斯·普林普顿（James Plimpton）设计了一种能实现自由转弯的旱冰鞋。

1907 年： 德国通用电气公司（简称 AEG）聘请了德国建筑师彼得·贝伦斯（Peter Behrens），他帮助改进了 AEG 公司的产品和设计。

1909 年： 通用电气公司（General Electric Company，简称 GE）推出了电烤面包机。

1916 年： 可口可乐（Coca Cola）公司从葫芦形的可可豆荚中获取灵感，发明了经典外观的玻璃瓶用来填装他们的汽水饮料。

1919 年： 查尔斯·斯特里特（Charles Strite）发明的被称为"Toastmaster"的弹出式烤面包机获得了专利授权。

1939 年： 斯温莱因（Swingline）公司推出了一种创新的订书机。当订书钉用尽后，用户可以打开订书机顶部，轻松地放入新的订书钉。

1939—1945 年： 第二次世界大战期间，政府大力资助顶尖制造工厂和先进材料的研究和开发。后来，这些研发成果被应用到了商业产品中。

时间线

1945 年：美国的厄尔·塔珀（Earl Tupper）推出了一系列用于储存食品的塑料容器，他将这个系列命名为"特百惠（Tupperware）"。

1956 年：安培（Ampex）公司发布了世界上第一台磁带录像机，型号为 VRX–1000。

1963 年：美国的伊万·萨瑟兰（Ivan Sutherland）在美国麻省理工学院（MIT）工作时，开发了名为"Sketchpad"的创新计算机辅助设计（CAD）软件。

1974 年：美国的阿瑟·弗莱（Arthur Fry）无意中听到斯宾塞·西尔弗（Spencer Silver）博士谈论他发明的一种黏合剂。这种黏合剂可以在不损坏物体的情况下重复地涂抹和取下。弗莱将它应用在纸上，发明了便利贴。

1977 年：雅达利 2600（Atari 2600）游戏主机问世，在电子游戏市场上掀起一股新的热潮。

1981 年：国际商业机器公司（International Business Machines Corporation，简称 IBM）推出了第一台个人电脑，这标志着 CAD 软件在设计领域开始广泛使用。

1985 年：任天堂（Nintendo）在美国发布了任天堂娱乐系统。这款游戏主机在美国市场上领先数年之久。

1998 年：苹果推出色彩艳丽的半透明电脑 iMac G3。

2001 年：苹果公司发布了全新的音乐播放器——iPod。

2007 年：苹果推出了 iPhone 手机。

2014 年：苹果手表发布，开启了智能手表和可穿戴设备的新时代。

2018 年：虚拟现实（VR）技术应用在学龄儿童的教学装备中，让他们不用离开教室就能以接近真实的感受了解世界！

目 录

什么是工业设计?

你使用过 MP3 播放器吗? 你喜欢它吗? 怎样才能让它使用起来更简单呢? MP3 播放器还可以怎样改进呢?

很多不同的产品都会遇到类似的问题, 工业设计就是专门研究这些问题的学科。为了解决它们, 工程师和设计师们努力发挥着自己的聪明才智, 让各种各样的产品变得更加高效、方便、安全以及美观。那么, 为什么工业设计这么重要? 如果我们满足于那些不太好用的产品而不持续改进它们的话, 这个世界会变成什么样子? 我们每天都在使用的东西, 有必要设计得非常漂亮吗? 为什么呢?

在回答这些问题之前, 让我们一起来了解工业设计到底是什么吧! 而且, 你还可以知道如何成为一名工业设计师! 相信我, 这本书里会有很多惊喜等待着你!

核心·问题

你今天使用过哪些受到工业设计影响的物品?

1

工业设计

要知道的词

MP3 播放器：一种能播放数字音频文件的电子设备。

工业设计：指以工学、美学、经济学为基础对工业产品进行设计。

工程师：用科学、数学和创造力来设计和构建事物的人。

设计师：根据用户体验来规划产品的形式、外观和工作原理的人。

大批量生产：制造和组装成百上千件相同的产品。

格式：数据的组织方式。

什么是工业设计？

从很早的时候开始，面对问题时，人类总是习惯于持续地寻找更好的解决方案。比如，人们从古至今不断地改进石器、炊具、武器和其他物品。在每创造一件新东西的时候，人们都会认真思考：想解决什么问题？想达到什么目的？怎样才能让这些东西更好地发挥作用？当这些问题得到了解答，人们就创造了一个新的设计。通过这些设计，人类文明进程中的一个个关键发明被创造了出来。

在十八世纪工业革命开始之前，大部分商品都是由手工业者设计并制作出来的。

美国贝尔飞机公司在纽约惠特菲尔德的组装厂。摄于 1940 年前后。

引言　什么是工业设计？

到了工业革命时期，许多工厂建立起来，飞机、汽车、烤面包机等都可以在工厂里进行大批量生产了。首先，设计人员对这些产品中的零件进行标准化设计；然后，工人们再通过手工或者机器对它们进行组装。这样一来，设计的角色就和以前不一样了，设计者逐渐从生产者中分离出来。

"工业设计师"这个职业就是在设计工业产品的过程中出现的。

工业设计是在产品大批量生产之前，对产品进行全方位的规划与尽情发挥创意的过程。这个过程我们需要思考如何使用这个产品、生产它需要应用哪些技术和材料，以及如何设计它的外观和触感等。工业设计就是不断解决问题的过程，就像苹果公司的团队设计 iPod 一样，全世界的工业设计师都在不断解决各种问题，让产品变得更好。

工业设计师需要关注的是物品与用户之间的互动。工业设计的例子就在你身边，工业设计的产品支持和塑造着你的日常生活。口袋里的手机、墙上的时钟、厨房里的咖啡机和你坐的椅子，都是工业设计的产物。一切你能看到和触摸到的人造物品都是由人设计的，并且都已经受到了工业设计的影响。

让我们一起来看看 iPod 的发明过程吧！它会告诉你工业设计是如何让 iPod 走进人们的生活！

你知道吗？

美国现在已经有超过 4 万名工业设计师。

你的播放列表里有什么内容？

在二十世纪九十年代，MP3 播放器是当时市场上最新的数码产品之一。MP3 播放器是一种小型的手持设备，它可以让用户存储和播放 MP3 格式的音乐文件。很多人都想拥有一个这样的数码产品，这样他们就可以在旅途中享受音乐了。

3

要知道的词

电子设备：以电为动力的具有特定功能的小型设备或装置，例如手机、MP3 播放器等。

闪存：一种用于在电脑和数字设备之间存储和传输数据的存储器，通常在 U 盘和存储卡中会用到它。

硬盘：存储数据的设备。

硬件：电子设备的实体部分，如外壳、键盘、屏幕和扬声器等。

研究：有计划地对某件事情进行调查和分析，以发现事实并得出结论。

头脑风暴：通常是在一群人中进行的暂时不做判断的充分发挥创造力的思考。

数据：以数字形式给出的可以被计算机处理的信息。

数码：用一系列数字 0 和 1 表示的数据。

DJ：在活动或广播中播放录制音乐的人。

尽管 MP3 播放器是一个让人惊喜的新产品，但它并不那么完美。这类电子设备通常使用的是一种被称为闪存的存储介质。闪存的容量有限，大约只能存放 12 首歌曲。其他一些播放器采用的则是硬盘，虽然它可以容纳更多歌曲，但与闪存相比，它显得十分笨重，这让播放器使用起来并不那么便携。

除此之外，将音乐文件传输到 MP3 播放器上也不是一件容易的事情。在 MP3 播放器刚刚面世时，仅仅从电脑上传输十几首歌曲到 MP3 播放器上，就需要大约五分钟的时间。

而如果传输数千首歌曲，就可能需要十几个小时！当时苹果公司的联合创始人史蒂夫·乔布斯（Steve Jobs）认为，现有的 MP3 播放器有太多不足。于是他做出了一个决定：苹果公司应该研制出一款更棒的 MP3 播放器。

这是我们曾经收听音乐的方式。

组建团队

尽管乔布斯提出了设计全新 MP3 播放器的想法，但在当时，没有人愿意为苹果公司制造这款播放器。那么，只有自力更生了！一个由苹果公司员工和其他志趣相投的工作者组成的团队，将新款播放器的想法最终变成了现实。乔布斯指派苹果公司硬件高级副总裁乔恩·鲁宾斯坦（Jon Rubinstein）负责这个项目。

鲁宾斯坦开始研究并采用头脑风暴的方式举众人之力为新款 MP3 播放器出谋划策。为了解决音乐文件传输速度慢的问题，他准备使用苹果公司开发的一项名为 FireWire 的技术。FireWire 技术使数据传输速度比当时其他技术快得多。他还想使用电脑制造商东芝（Toshiba）公司生产的一种特殊的硬盘，它的尺寸非常小，但是拥有 5GB 的存储空间。与采用其他硬盘的 MP3 播放器相比，使用这种特殊硬盘的苹果 MP3 播放器更小巧、轻便。

鲁宾斯坦找来了几个合作者帮助他开发新款播放器。他找到了托尼·法德尔（Tony Fadell），法德尔在手持计算设备和数码音频播放器方面拥有丰富的经验。其实，法德尔本身也是一个忠实的音乐爱好者，他在空闲时间还兼职做一名 DJ（Disc Jockey）。每次演出时，法德尔都需要拖着他收藏的大量音乐光盘（CD），这让他觉得很不方便。所以，法德尔对研制一款能让音乐工作更加轻松的设备也非常感兴趣。

工业设计

要知道的词

组件：某个较大整体中的一部分，常常是指机器中的某个部分。

原型：物体的初步模型。

加速：随着时间的推移，物体的速度增加。

软件：计算机使用的程序和其他操作信息。

用户界面：用户和计算机系统进行交互的方式。

鲁宾斯坦希望法德尔为新款 MP3 播放器提出一些设计想法，而法德尔需要重点考虑的，是如何制造它、使用什么组件、成本有多高。在接到任务的六个星期时间里，法德尔拜访了许多手持计算设备的从业人员，他仔细研究了竞争对手的产品。整个过程中，他一直对自己的项目保密。

法德尔的目标是设计一款小型的、超便携的，且能容纳大量音乐文件的设备。此外，设备的电池寿命也必须足够长。

创造一个设计

在六周的时间里，法德尔为苹果公司设计了三种原型并制作了对应的模型。模型是用泡沫板和渔具制作而成的，看起来非常粗糙，但设计过程就是这样：设计师总是不断地对自己的想法进行各种迭代、更新和完善。开始简陋的纸质模型，最后可能会变得非常逼真，看起来就像成品一样。在 2001 年 4 月，法德尔向包括乔布斯在内的苹果高管展示了他设计的一系列模型。

在同一次会议上，苹果公司全球产品营销高级副总裁菲尔·席勒（Phil Schiller）展示了一款使用滚轮的播放器模型。席勒认为，滚轮式的操作会让用户更加容易地使用播放器。在其他 MP3 播放器中，当用户浏览收藏的全部音乐文件时，通常需要按加号或减号键来进行选曲，并且一次只能切换一首歌曲。如果收藏了几千首歌曲，用户就必须按几千次按钮才能找到他们想要的歌曲。

第一代苹果 ipod MP3 播放器。
图片来源：Jennie Robinson Faber (CC BY 2.0)

　　然而，使用滚轮式操作之后，用户只需要用手指在滚轮上旋转滑动，就能够让光标更快速地在列表中滚动。当用户持续滑动滚轮时，列表的滚动就会加速，这样用户就可以轻松地以各种速度浏览他们收藏的歌曲。这样，用户与设备之间就产生了良性互动。如何提升这种互动体验以使用户轻松自然地完成一项操作，是工业设计师最关心的问题之一。

乔布斯肯定了法德尔和席勒的想法，并将其付诸实施。这个绝密的项目被称为"P-68"。

　　在咨询了苹果公司的市场部门后，法德尔决定新款 MP3 播放器要在 2001 年圣诞节前面世。他只有六个月的时间来开发和制造这款播放器，并将它们运输到位于世界各地的经销商那里。法德尔迅速召集了一个团队，团队中的一部分人负责播放器的软件编写，而另一部分人则负责硬件开发。

iTunes 改变音乐

　　2001 年 1 月，苹果公司推出了 iTunes，这是一款改变人们购买和欣赏音乐方式的全新应用程序。在此之前，制作和收听播放列表中的音乐需要繁复的操作：人们购买存储在实体 CD 上的音乐专辑，然后将音乐传输到电脑上；人们从不同的 CD 上获取喜欢的音乐文件，然后将这些整理好的音乐文件刻录到新的 CD 上，这样人们才能在 CD 播放器上欣赏整理好的音乐。此外，人们也可以通过 MP3 播放器欣赏数字音乐。但是在 iTunes 和 iPod 之前，这样的操作也必须通过复杂的应用程序来完成，用户体验并不舒适。不过，苹果的 iTunes 解决了这些问题。它允许用户将 CD 直接转化为 MP3 数字文件，并且可以通过简单的用户界面来组织他们的音乐文件。不到一年，苹果就推出了 iPod，同时发布了与 iPod 无缝集成的新版 iTunes。2003 年 4 月，iTunes 4 推出了 iTunes 音乐商店，人们可以以 99 美分一首歌的价格直接从苹果公司购买数字音乐。iTunes 音乐商店第一周就卖出了 100 万首歌曲。

团队成员的工作时间很长，每天工作 18 至 20 小时，每周工作 7 天。他们是在鞋盒大小的放大版原型上进行开发的，放大的尺寸可以使研发工作更加轻松，至于设备最终的尺寸大小，在当时是绝对保密的。

在软件和硬件团队不懈努力的同时，由乔纳森·艾维（Jonathan Ive）领导的苹果工业设计小组，也在进行播放器外观的设计。

在测试了几十个原型之后，艾维团队最终选定了其中一款设计。选择的这款播放器原型质量仅 170 克，外形看起来就像一个简单的盒子，里面配备有一个迷你硬盘。这款迷你硬盘虽然尺寸很小，但是拥有多达 5GB 的存储空间，大约可以容纳 1000 首歌曲。

苹果公司乔纳森·艾维爵士

科技公司苹果以创新设计著称，iMac、iPod、iPhone、iPad、Apple Watch 等代表性产品的设计独具风格。乔纳森·艾维是苹果的首席设计官，自 1996 年以来，他一直领导着苹果公司的设计团队，该团队是世界上最优秀的设计团队之一。他和他的团队负责苹果公司的所有设计，包括硬件的外观和质感、用户使用界面、包装、零售店装潢和未来项目。

艾维认为电脑不仅仅是生产力工具，它其实已经成为家庭生活的中心。他设计的电脑是时尚的，并且触感舒适，看起来十分有吸引力。他非常重视电脑操作的便捷性和易用性，并且将许多精力投入到改进那些容易被忽视的细节上。例如，艾维为 1996 年发布的 iMac 设计了半透明的糖果色、圆润的外观和功能性的内核。这些创新的改良设计让消费者们眼前一亮。他将电脑处理器置于多彩的外壳内，大大缩小了电脑的体积。1998 年 200 万台 iMac 的销量让苹果公司自 1995 年以来首次实现盈利。艾维拥有 5000 多项专利，并获得了许多设计奖项。2003 年，伦敦设计博物馆将第一个年度设计师大奖授予了艾维。2012 年，因其卓越的设计成就，艾维被英国皇室授予爵士封号。

引言 什么是工业设计？

艾维选择了白色的塑料前面板，镶嵌在不锈钢的外壳中。他希望中性的白色色调和不锈钢外壳能让新款播放器与当时市场上常见的黑色和深灰色便携式数码产品区分开来。播放器的表面有一个简单的长方形显示屏、五个按钮和一个滚轮。滚轮用来移动歌曲和调整音量。播放器电池不可拆卸，没有开关，也看不到任何螺丝孔。播放器密封的内部结构向用户传达了一个简单而自信的信息——这个设备是十分好用的。

苹果在当时是一家主营电脑销售的公司，消费类音乐数码产品对苹果公司来说其实是新生事物，苹果的 MP3 产品将面向苹果传统客户以外的消费者。为了帮助销售，苹果请来了专业人士策划播放器的营销活动。其中有一位专家——自由撰稿人温尼·奇科（Vinnie Chieco），想出了播放器的名字——iPod。

你知道吗？

工业设计会受到环境和原材料的影响。

奇科把苹果电脑想象成宇宙飞船，MP3 播放器就像是这艘宇宙飞船的分离舱（Pod），它可以进出飞船，并且可以带走飞船里的内容——音乐。其他竞争者常常通过大力宣传自家产品优越的技术指标来进行营销，而苹果公司却反其道而行之，主打 iPod 独有的风格和时尚。事实证明，这种营销攻势是十分成功的策略。

经过几个月的努力，iPod 终于发布了。2001 年 11 月，第一批苹果 iPod 出货。乔布斯在一份新闻稿中说，iPod 的出现，使用户可以将全部的音乐收藏其中，并将其放在口袋里，这样无论用户走到哪里都可以享受音乐。从那时起，苹果已经售出了超过 4 亿台 iPod。虽然 iPod 不是世界上第一款便携式音乐播放器，但它的革命性设计改变了音乐产业，甚至改变了用户欣赏音乐的方式。

要知道的词

功能：指以特定的、正确的方式工作以发挥有利的作用或效能。

美学：一套关于自然和美的欣赏原则。

绿色设计：一种将对人类健康和环境的有害影响降到最低的设计方法。

为什么设计很重要

你喜欢你的 MP3 播放器的操作方式吗？你是否会再次购买同一家公司的产品？优秀的设计会在很大程度上帮助产品获得成功。设计的使命不仅仅是创造一个能用的产品，更是创造一个人们愿意使用的产品。如果 MP3 播放器的设计不尽如人意，你在每次使用时都感到操作不便或者根本不知道如何操作，你可能就不会再购买这个型号的产品，并且你可能还会告诉你的朋友们不要去买它！

工业设计师设计产品时，需要在外观和功能上取得平衡。好的设计将合适的原材料、颜色、细节和外形等结合起来，让你产生购买和使用产品的欲望。同时，他们也将用户的需求和想法，同技术实现的可能性、社会的可接受程度等进行对比和权衡。

一个好的工业设计师会把产品的用户体验放在第一位。

在设计产品时，他们决定的细节要能确保用户获得最佳体验。一款设计优秀的产品应该易于使用，并且能够实现其应有的功能。

在本书中，你将学习到搅拌机、灯具，甚至是笔记本电脑等产品背后的设计过程。你将会了解产品设计的发展进程，其中包括最早的个人设计与手工制作，以及今天工业设计师不懈为产品开发最佳设计并交付工厂大批量生产的过程。你将会练习工程设计技能，并学习如何为各种产品创造既有用又好用的设计。像优秀的设计师一样，你将会练习评估产品的功能、可用性、人体工程学、美学和绿色设计。打开你的笔记本，让我们开始工业设计之旅吧！

工业设计流程

　　每个设计师都拥有一个笔记本来记录他们的想法和设计步骤。当你阅读本书并开展实践活动时，请在工作表中记录你的观察、数据和设计，就像下面的表格所展示的那样。在实践时，请记住，没有绝对正确的答案或者绝对正确的方法。尽情创意，尽情享受设计的乐趣吧！

问题：设计这款产品是为了解决什么问题？	
研究：是否有现成的产品可以用来解决这个问题？我们可以从这些已有的产品中获得哪些经验？	
提问：设计的产品是否需要达到一些特殊要求？例如：设计一辆汽车，要求它必须在规定的时间内行驶一定的距离。	
头脑风暴：思考和讨论出众多可能的创意和想法，绘制出所有设计图纸，并列出所使用的原材料。	
产品原型：经过集思广益之后确定设计图纸，并依据图纸制作出产品原型。	
测试：测试产品原型，并记录你的观察结果。	
评估：分析你的测试结果。	
思考：是否需要对产品设计进行调整？是否需要尝试制作不同的原型产品？	

　　本书的每一部分都以一个核心问题开始，以帮助引导你对工业设计的探索。在阅读每一个部分时，请记住一开始的这个问题。在每一个部分结束后，用笔记本记录你的想法和答案。

准备一个设计笔记本

工业设计师无论走到哪里都会随身携带一个笔记本，以记录自己在某个瞬间产生的想法和创意。获得一个成功设计最好的方法，就是首先要有很多很多的创意！一旦设计师选择了一个创意进行开发，他可以使用设计笔记本将所有的想法和工作集中在一个地方。他们可以在笔记本上记录项目从开始到结束的每一个细节，还可以记录调研和观察结果，以及各种想法、草图和遇到的问题。

许多设计师会选择空白或带有格子的笔记本，这样他们可以很容易地绘制草图。有些设计师喜欢大一点的笔记本，因为较大的空间可以容纳更多的信息；而有些设计师则喜欢小一些的，这样更加便于携带。以上这些都可以依据你自己的喜好来选择。

在设计笔记本上，你可以：

※ 记录你所观察到的产品需要解决的问题

※ 尽情挥洒创意，找寻解决这些问题的可能方法

※ 记录背景研究信息

※ 勾画不同的想法和解决方案

※ 记录与用户、专家的访谈

※ 记录竞争对手的产品照片

※ 记录设计需求列表

※ 写下出现的问题或需要商讨的议题

探 索

想一想，在你的设计笔记本中还可以保留哪些类型的信息？为什么这些信息这么重要？

* STEM：是科学（Science）、技术（Technology）、工程（Engineering）和数学（Mathematics）四门学科教育的总称。

从手工业到大批量生产

即使在工厂诞生和大批量生产出现之前，设计也一直都是研制产品过程中的重要环节。如果一款产品设计精良、功能齐全，人们可以完全按照这款产品设计之初所设定的功能去使用它，这就是最完美的事情了。这样的产品可以让用户在使用时更有目的性，甚至会给用户带来非常愉悦的体验。

但反之亦然。使用一个设计不佳、不能正常使用的产品，则会让用户感觉到沮丧，有时甚至会带来危险。

核心·问题

为什么世界上各种产品会从手工制造逐渐向大批量生产转型？

如何确保有更多设计精良的产品面世？如何避免制造出让用户在使用时感到焦虑的产品？实现产品设计和产品制造之间的良好协作，任重而道远。

你知道吗？

莱昂纳多对自然界的研究影响了他的发明和设计。例如，莱昂纳多对鸟类和蝙蝠的潜心研究，为他设计飞行器提供了许多灵感。

以手工业为基础的设计

在手工业盛行的时代，当人们需要某件东西时，他们常常自己就可以制作，或者找人代劳。在那时，大多数产品都是由使用它们的人在家里自己制作而成的，只有少数人专门从事某些特殊产品的制造工作，如村里的鞋匠专门制作鞋子、木匠专门制作桌椅等。城镇依靠本地铁匠、木匠、泥瓦匠、陶工和纺织工等工匠的技能，来制造他们日常使用的产品。

在早期，大多数产品都是由制作者设计并手工制作而成，它们是独一无二的。工匠们在创作时就决定了产品的外观。例如，木匠在雕刻和切割木头时，就已经选择了桌子要用的木头类型，也已经确定了桌子的高度和宽度。

世界上最著名的艺术家之一——莱昂纳多·达·芬奇（Leonardo da Vinci）因其创造性的设计而受到人们的钦佩。他的笔记本上记录了数千张与数学、科学和工程概念有关的图画和图表。

莱昂纳多经常用创意和设计来解决实际问题。例如，在当时，士兵使用大炮时遇到了弹药装填时间过长的问题。为了解决这个问题，莱昂纳多设计了一门拥有 33 个炮膛的大炮，可以同时进行弹药装填和发射。他用相连的 33 门小口径火炮设计了这门 33 膛大炮，这些火炮被分成 3 排，每排 11 门，它们都连接在一个带轮子的旋转平台上。

　　在战斗中，士兵们发射一排 11 门火炮之后，可以通过旋转轮台，瞄准并发射下一排火炮。当他们发射第一排火炮时，第二排火炮正在冷却，而第三排火炮则可以进行弹药装填。这种设计使士兵们可以反复射击而无须停下来等待火炮冷却和重新装填。

精妙的创意和对大炮工作原理的了解，使莱昂纳多能够为意大利设计出这种使用方便的新型武器。

古登堡印刷机

　　15 世纪，约翰内斯·古登堡发明了印刷机，这是大批量生产发展进程中的一个重要标志。印刷机在德国斯特拉斯堡发展起来，它让书籍实现了大批量生产。

　　在此之前，西方的书籍基本是靠手写的，复制时需要费尽精力地誊写，这个烦琐而耗时的过程阻碍了书籍的大众化。当时的书籍更像是艺术品或者宗教文物，被锁起来，不为公众所知。

瑞士艺术家约斯特·安曼（Jost Amman）创作的木刻画，它展示了早期印刷机的工作场景。

工业设计

古登堡发明的印刷机，让思想、创意和文字实现了便捷的快速复制，复印出的书籍得以广泛传播给更多人。

在工业设计的发展历史里，古登堡印刷机是一个里程碑式的发明。在这之前，产品的设计与制作过程是密不可分的。而有了印刷机之后，设计师们可以出版家具、金属制品、刺绣图案和其他装饰图案的设计样册，这些样册可以为工匠们提供关于制作这些不同物品的技术说明。

有了这些样册，原创设计者不需要参与产品的制作；而拥有样册的工匠们，则可以方便地将书中的设计制造为实物。从此，产品设计与产品制造开始分离。

工业革命

从十七世纪末到二十世纪初，世界开始发生变化。许多新想法、新发明和新创造极大地影响了人们的生活和工作方式，这个产生着巨大变化的生产技术革命被称为工业革命。

遍布机器的工厂在城镇中兴起，蒸汽机和铁路将货物运送给远方的人们，制造业的飞速发展使得更多的商品不再是被手工制作出来，而是在工厂里大批量生产。

你知道吗？

在欧洲各地，工作室利用模型、图纸将设计变为现实。

第一章　从手工业到大批量生产

经济的增长、交通系统的改善和大城市的新建导致了社会对工厂制造商品的需求增加。

手工制品已经无法满足产品需求的增长，这时，手工业者们被要求设计可以用机器大批量生产的产品，这些手工业者成为第一批工业设计师。

到 1800 年，英国已经有了大量生产陶器、勺子、纽扣、扣环和茶壶等物品的工厂。工业革命始于英国，然后迅速传到了欧洲其他国家和美国。

之前，一件商品通常由一个手工业者从头到尾完成；而在工厂里，商品制造过程可以进行分工，由不同的工人群体来完成，熟练的生产工人可以代替训练有素的手工业者进行生产。这样一来，设计就从制作物品的行为中进一步分离出来。

到十九世纪末，制造商开始意识到：改进产品的外观和样式，可以让他们在与商业对手的竞争中获得优势。如果人们喜欢产品的外观，或者产品使用效果符合预期，他们就更有可能购买它。

因此，制造商开始邀请设计专家（当时通常是建筑师）在设计过程中提供建议甚至是参与其中。到了 20 世纪初，许多制造商开始认识到工业设计的重要性。

1859 年，迈克尔·索涅特设计的经典咖啡椅成为第一把专门为大批量生产而设计的椅子。这款被称为 14 号咖啡椅的椅背是双环形的，椅子结构也进行了简化，去掉了多余装饰。索涅特只保留了椅子的关键部件，让座椅的每一个部分都物尽其用，他的简化设计大幅降低了制作椅子的材料和人工成本。

这就是传说中的迈克尔·索涅特14号咖啡椅模型。

它是第一把专门为大批量生产而设计的椅子。

这种设计可以非常方便地进行包装和运输，用户只需要一把螺丝刀就可以把它们组装起来。

我忽然有个绝妙的想法！

如果整个商场的家具都可以像这样易于包装、运输和安装，那应该特别棒！

很遗憾哦，这个想法已经被宜家（IKEA）率先实现了。

这把14号咖啡椅就是宜家诞生之前最具宜家风格的椅子。

未组装的椅子很容易打包成箱进行装运，用户收到快递包裹后，可以用螺丝刀自己来组装。这种优雅简约的设计，使这款椅子在家庭、酒店、餐厅、咖啡馆和酒吧等场所广泛使用。这实际上是第一把最具宜家风格的椅子。索

这些后来版本的咖啡椅同迈克尔·索涅特最初的设计非常相似。

涅特仅仅是完成了这款椅子的组件设计，他将产品的组装工作转移给了消费者。

到 1891 年，这种椅子的销量达到了 730 万把。14 号咖啡椅的成功充分表明，设计出价格适中的产品然后进行大批量生产，可以为制造商带来丰厚的利润。

你知道吗？

索涅特设计的椅子轻巧而坚固，但它比一瓶普通酒还便宜。

要知道的词

家用电器：供家庭日常使用的各种以电为动力的设备。

标准化：在一定范围内做出统一的规定，以扩大组件的通用性。

置换：标准化通用组件之间进行的相互替换。

品牌形象：消费者对品牌的评价与认知。

脱颖而出：比喻优势和本领全部显露出来。

彼得·贝伦斯：工业设计师

在二十世纪初，更多的制造商尝试将设计与制造过程分离。大约在这个时候，一家德国公司——通用电气公司（AEG）开始生产家用电器。1907 年，AEG 聘请了一位德国建筑师彼得·贝伦斯，希望他能改良公司的产品和设计。

贝伦斯负责 AEG 的每一个产品的美学决策。他为 AEG 的灯具、时钟、风扇和电茶壶等产品绘制草图，并进行产品设计。他将许多产品的组件标准化，使组件可以在产品之间相互置换，由于同种组件可以用于多种产品而不是单一产品，因此生产效率进一步提高，而成本却降得更低。

贝伦斯为 AEG 塑造了新的品牌形象，帮助其产品在市场上脱颖而出。

工业设计

贝伦斯设计的许多产品虽然看起来都很简单，却具有精致的艺术品质。正是因为在 AEG 时期所做出的卓著成绩，贝伦斯成为公认的世界上较早的工业设计师之一。

AEG 公司的产品能从商业竞争中脱颖而出的主要策略之一，是将产品宣传为具有艺术设计的原创模型和具有良好品位的范例。贝伦斯通过极具吸引力的海报和包装，以及与他的产品一样有着简洁设计的店铺装潢，来传递这些信息。他重新设计了 AEG 的所有广告、宣传手册和产品目录，他甚至为公司设计了全新标志（Logo），这些标志逐渐出现在德国各个城市的工厂大楼上。

设计与战争

在二十世纪，战争对工业设计产生了重大影响。在第一次世界大战期间，设计师们把重心放在了发明和改进战争工具上，武器的大批量生产让战争变得跟以前不一样了。

你知道吗？

圆珠笔就是在战争时期设计出来的。比起钢笔，飞行员们更喜欢圆珠笔，因为它可以在高空使用，钢笔则不行！

辛格的缝纫机

1851 年，艾萨克·梅利特·辛格在波士顿一家机械店工作时，修理了一台缝纫机，并发现了改进缝纫机设计的方法。在 11 天之内，辛格制造了一种可以用脚踏板操作的缝纫机。用户用脚操控踏板，经由杠杆带动缝纫机的针来进行缝纫工艺，这样就可以解放用户的双手；而他设计的另一个附件则可以使被缝制的材料保持在原位不发生移动。尽管这两种功能之前已经被使用过，但辛格第一次成功地将它们同时运用在实用缝纫机上。辛格为他的设计申请了专利，并成立了辛格公司（I.M. Singer & Co.），后来变更为辛格制造公司（Singer Manufacturing Co.），开始生产他设计的缝纫机。到 1860 年，辛格的公司已经成为世界上最大的缝纫机生产商。在之后的 1885 年，公司推出了第一台电动的缝纫机。

用于轰炸和执行间谍任务的飞机、潜艇以及坦克等新的军事设计出现了。设计师们发明了新的武器，如致命的地雷、手榴弹和机枪。新的设计改进了野战火炮，使其更加精准和致命。

在第二次世界大战期间，美国许多工厂开足马力为战争生产商品。美国政府部署了几个绝密的研究计划和设施用来开发和设计武器及相关的技术和产品，所有这些都是为了赢得战争。在位于新墨西哥州圣菲附近的洛斯·阿拉莫斯（Los Alamos）这个绝密的科学实验室里，世界上第一颗原子弹被研究并制造了出来。

1942 年，在美国加利福尼亚州（California）英格尔伍德（Inglewood）的北美航空公司（North American Aviation Inc.）工厂里，一个团队正铆足了劲装配一架 C-47 运输机驾驶舱外壳。

图片来源：Alfred T. Palmer, Office of War Information

工业设计

要知道的词

合金：由两种或两种以上金属或者金属和非金属结合而成的物质（通常是将它们熔化在一起而形成的）。

夹板：用于骨折后保持骨骼不发生移动的一块硬质材料。

政府资金流向了制造商，这些政府资金被用于军事工具的研究和开发。利用这些资金，制造商对军事工具进行了创造性的功能设计，让它们在战场上表现得更好。汽车公司、飞机公司以及许多民用制造商都停止了消费品的生产，他们的工厂都投入到了从坦克到无线电天线等各种军事装备的生产中。

在政府的资助下，工程师和设计师们能够加快包括塑料和合金在内的许多先进材料的研发，他们还开发了新的生产技术和工艺，并建立了生产军事装备的尖端国防工厂和制造车间。

战争结束后，为军事目的而设计的材料和技术留了下来，用于新的消费品设计。例如，为战时飞机制造而开发的黏合技术，可用于将橡胶减震支架连接到椅子的胶合板座面、背部和支撑框架上。在工业设计的世界里，再利用和再使用是非常重要的！

你知道吗？ 战争时期开发出来的材料和技术对战后工业设计产生了重大的影响，这种影响在美国尤其显著。

许多人在战争期间亲身经历了军工产品的设计，获得了宝贵的设计经验。例如，工业设计师查尔斯·伊姆斯（Charles Eames）和雷·伊姆斯（Ray Eames）夫妇在战争期间为美国海军设计了模压胶合板材质的腿夹板和担架，这段经历为他们提供了试验新材料和新技术的机会，并创造了解决许多现实问题的重要设计。

美国在第二次世界大战后开始强大起来，并且对自己的工业实力充满了信心，战争时期生产飞机和其他战争材料的工厂已经为大批量生产消费品做好了准备。

设计师与手工业者

工厂和大批量生产的发展使企业能够生产出大众都能买得起的商品，但是，大批量生产将设计与制造环节分离开来，这会造成一些问题。在这个活动中，你将探索手工业设计和大批量生产之间的一些差异。

▶ **首先，你将扮演一个手工业者的角色。**选择一些你可以制作的物品，比如一件艺术品、一个相框、一辆简单的木制火车以及它的轨道，或者一个磁性夹子。收集你的素材，开始设计和制作你的物品。在这之前，请思考以下问题：

※ 你为你想要制造的物品做了哪些设计方面的决定？

※ 你是在什么时候做出这些决定的？在你开始工作之前还是在你制作这些物品的时候？

※ 设计和制作过程是如何联系在一起的？如何将它们分离开？

▶ **现在，**想象一下，你的物品将在工厂里大批量生产。这次，你仍然是设计师，但不会制造产品，你将如何把你的设计理念传达给制造和组装物品的工人？你的物品可能会由不同的人来制造，你将如何确保这些大批量生产的物品是符合你的设计要求的呢？

你知道吗？

工业设计师设计的产品包括手动工具、电器、汽车和家具等消费品，以及工业车辆、医疗设备、计算机软硬件系统等专业产品。

下页活动继续……

▶ 让几个朋友或同学按照你提供的设计说明，在你不在场的情况下制作你所设计的物品。等他们制作完成后，将他们做出的物品与你的手工原件进行比较。

※ 它们有什么不同吗？如果有，是哪里不同呢？

※ 在大批量生产物品的过程中，你和你的团队遇到了哪些困难？你觉得为什么会出现这种情况？

※ 如果设计的和实际制造出来的产品之间存在差异，会造成哪些问题？大批量生产的产品之间是否也会存在差异？这又会带来什么问题呢？

※ 作为设计者，你能做出哪些努力来保证原创设计和大批量生产的产品之间的差异尽可能小？

试一试！

装饰物对大批量生产时代的工业设计会有哪些影响？为了使物品外观更加漂亮，人们在物品上添加了许多装饰物，它可以是在物品上进行的表面处理或者绘制的图画，也可以是木制品上的精心雕刻，甚至也可以是镶嵌的珠宝或其他金属制品。想一想，装饰物对物品的外观、功能、制造工艺和成本会产生哪些影响呢？

第二章

工业设计流程

你有没有想过，新产品的创意从何而来？新产品不是凭空出现的，你喜欢的手机，或者妹妹最喜欢的新玩具，都是人们花费数月工作的结晶。

它们是由市场调研员、设计师、工程师、营销专家等建立起来的团队共同协作创造出来的。产品上架之前，设计团队很早就已经依据流程开展产品设计工作了。让我们一起来看看设计的过程具体包括哪些内容吧。

核心·问题

一份列出了详细设计步骤的清单是如何让产品变得更好的？

设计的开端：理解用户需求

无论是玩具、椅子还是音乐播放器，工业设计的目的都是为了去解决人们遇到的某个问题。因此，在开始设计产品之前，团队需要了解存在的具体问题是什么。设计团队是如何获取这些信息的呢？通过大量的调研！通过实际调研和分析，团队需要回答以下问题：

- 人们遇到的问题或需求是什么？

- 这个问题会对谁产生影响？

- 为什么解决好这个问题如此重要？

团队从许多不同的途径收集信息。他们与目前正在使用或准备使用该类产品的人进行交流，他们询问用户的使用体验、使用中遇到的问题以及对产品的期望，他们需要了解用户想要什么、他们现在使用的是什么、为什么有些产品不能满足他们的需求。

你知道吗？

如果现有的解决方案不能满足用户的需求，了解它们的不足之处，可以为团队提供修正错误的宝贵信息。

团队通过观察日常生活中的用户行为，更好地了解产品所需要解决的具体问题，以及这些问题是如何在现实世界中产生的。

研究人员通过研究发展趋势和流行元素来收集信息。他们与销售和市场部门沟通，了解买家的需求，获得买家对当前产品的反馈。团队也同时在研究同行的做法，例如，已经有哪些产品或解决方案可以解决类似的问题。团队成员会研究竞争对手的产品，看看商店里已经有哪些产品，以及这些产品解决这个问题的效果如何。

确定设计需求

一旦团队成员确定了产品所需要解决的问题，他们就会思考解决方案中需要包含哪些内容，设计需求是一个解决方案获得成功必须具备的重要特征。

以一条设计不太完善的宠物牵引绳为例，它可能存在很多问题，例如：它很容易磨损甚至会断裂，它的长度太短了不便于使用，它无法同时拴住多只狗狗，等等。于是，你决定设计一条更棒的牵引绳。经过对牵引绳仔细地研究之后，你知道了要想设计出一条成功的牵引绳，必须满足以下这些设计需求：

• 采用比现有牵引绳更加坚固耐用的材料

• 长度可以调节

• 具有可以同时牵引多只狗狗而不会打结的组件

• 易于收纳

• 成本与目前市场上的牵引绳相近或更低

创意头脑风暴

如果感觉思路枯竭，你可以使用如下几种方法来产生新的设计思路。首先，看看这些问题或类似问题现有的解决方案，研究这些解决方案可能会激发你的创意，例如：当前的解决方案可以如何改进？已有的两个解决方案是否可以结合起来成为一个更好的解决方案？通过提出这些问题以及更多的问题，你也许能产生一些新的想法。对于一部分人来说，将抽象的想法画出来，通过绘制草图将创意可视化，可以激发出新的思路。纵然这些思路并不成熟，但快速绘制出的更具形象化的草图也能帮助人们发现他们没有考虑过的更多可能性。

要知道的词

构思：产生和发展新想法的创造性过程。

故事板：一系列连续排列的图画或图像，用以显示动作或场景的变化。

可视化：用图形或图像的形式展现，以呈现全貌、增强理解。

准则：判断或衡量事物的标准。

设计需求可以涉及任何产品特性，如尺寸、成本、材料、功能或易用性等。设计需求是解决设计问题所必需的，如果不需要某个产品特性去解决用户的某个问题，这个特性就不是设计需求。设计需求还必须是可行的，例如：用看不见的线做狗的牵引绳，可能想象起来真的很酷，但其实是不可能的。所以，如果做不到，也不是设计需求。

产生产品创意

在收集到需要解决的问题和设计需求的信息后，设计团队会产生解决设计问题的产品创意。优秀的设计师在选择最佳方案之前，会尽可能地集思广益，即使是一个一开始看起来很疯狂的想法，其中也可能有一些功能可以使其他创意变得更好，这种产生和发展新想法的创造性过程称为构思。

小组进行头脑风暴会议是产生很多具备潜力的创意的好办法。在这些会议中，团队成员聚在一起讨论应该开发什么类型的产品，他们可能会围坐在一张桌子旁，讨论每个人的想法。设计师需要有跳出条条框框限制的意愿——此时任何大胆疯狂的想法都不为过！即使团队成员从一开始就认为自己有一个很好的解决方案，他们也应该尽可能地集思广益以尽情激发创造的潜力。你永远不知道从一个原创的解决方案中会萌发出什么新的创意。

你知道吗？

确定设计需求的最佳方法之一是研究市场上已有的同类产品，分析每种产品的工作方式和原理，尤其要注意它的关键功能。

选择最佳创意

故事板！

一些设计团队在开发过程中会使用故事板。故事板是一系列绘画或图片，人们用它将视频网站、软件程序、用户体验等可视化。故事板展示了用户与产品的交互过程，它还可以展示用户体验流程，并将这个流程分解为几个独立的部分，这使得团队可以更仔细地分析每个部分，这有助于设计师发现体验流程中可能出现的任何问题。通常情况下，设计师在产品研究的早期阶段、创建产品原型以及展示最终产品或解决方案时，都会使用故事板。

一旦团队提出了一份针对设计问题的解决方案清单，成员们就会选择其中一个或几个最好的解决方案进行开发。他们审视每一个可能的解决方案，看看它是如何满足设计需求的，不符合所有需求的解决方案将不会被采纳。

在剩下的解决方案中，团队会查看每个解决方案的特征。除了设计需求中的一部分功能外，有些其他功能也可能是很棒的，例如，可以当作汽车安全带使用的宠物牵引绳就是一个很妙的想法，但这个功能并不是必需的。包含一些可取但不是必需的功能的解决方案可能比其他方案更好。

设计团队也会考虑一些通用的设计准则，这些准则几乎适用于每个设计。

· 品位：设计是简单的还是精妙的？

· 坚固：设计的产品是否坚固耐用？

· 美观：设计的外观是否赏心悦目？

· 成本：设计的产品成本是多少？公司是否有条件制造它？一般用户能承受它的价格吗？

要知道的词

决策矩阵：表示决策方案与有关因素之间相互关系的矩阵表式。

徒手画：在没有尺子等工具的帮助下使用纯手工绘制。

细化：通过细微的修改进行优化改进，使之更加精确。

比例：整体中各部分所占分量。

效果图：方便观察者查看的描述事物外观或原理的视图。

技术图：展现物体精确细节的图像。

• 资源：你有制作产品所必需的原材料和设备吗？如果没有，你能通过不太困难的方式获得它们吗？

• 时间：完成设计并将产品推向市场需要多长时间？

• 技能：你是否具备制作产品所必需的技能？

• 安全：设计的产品在制作、使用、储存、报废等过程中是否能保证安全？

设计师在决定哪种设计思路最好时，会考虑所有这些信息。确定最佳方案有时比较容易，但大多数的情况下，选择是相当困难的，特别是遇到好几个非常棒的想法的时候。为了做出决定，一些设计师会为每个可能的解决方案创建一个"赞成／反对"列表。这是一个决策矩阵，矩阵中包含了设计需求和许多其他标准，决策者会在这个矩阵中进行解决方案的对比和斟酌。

将解决方案开发出来

一旦设计团队选定了一个想法，下一步就是将它开发出来，产品开发的主要目标是为确定的问题提出一个可行的解决方案。

可以通过多种方式将设计思想开发出来，最常见的技术之一是草图。草图是一种快速、粗糙的绘画，它通常是徒手画，它仅仅展示了一个创意的大致轮廓，草图能快速地将一个想法以视觉的形式呈现出来，让每个人都能轻松地看到。设计师使用草图

你知道吗?

设计师在进行产品创意时，希望创造出对客户有用的产品，但同时，也要满足公司所拥有的生产条件和制造要求。

来记录想法并借助草图与他人交流，还可以利用草图研究方案中不同部件的协同工作机制。

设计师在开发过程中会使用几种不同类型的草图，有一种是概念草图，它比较粗糙，缺少细节。设计师通常在开发某个创意的早期阶段会绘制概念草图。

概念草图是二维的，用来展示所设计的东西整体的样子。

在开发过程中，设计者们绘制了更多的草图，这些草图进一步细化了产品图像，同时还包含了关于产品的外观、比例、尺寸、布局等更多细节信息。

除此之外，效果图为设计提供了照片式的呈现形式，而技术图则展示了产品的实际尺寸、形状以及各部件的协同工作机制。以上这些图纸包括了制造产品所需的每个细节。

这张手推车概念草图可能就是一项新发明的开始。

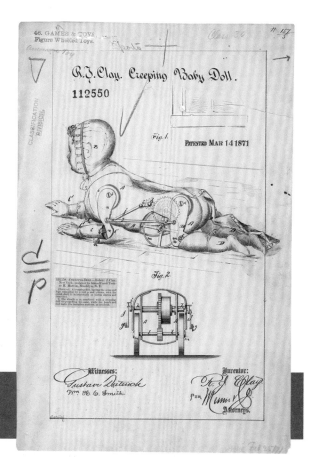

这是一张 1871 年的概念草图。它展示了一个非常奇怪的玩具娃娃的早期设计方案！

图片来源：U.S. National Archives

制作模型

开发过程完成后，下一步是创建模型，有些模型是实物，而有些则是计算机生成的虚拟模型。等比例模型是一种实物模型，通常比设计的实际尺寸要小，这样可以方便设计师查看设计对象在现实生活中的样子。等比例模型的建立，也可以为后续全尺寸实物的制造提供参考。

对于某些产品，设计团队可能会制作一个全尺寸模型。将全尺寸的三维模型拿在手里，可以看到它真实的长、宽、高比例，这样能够帮助设计师很好地了解设计方向是否正确。这些模型有的是由泡沫塑料等材料制成的，有的则是由 3D 打印机制作的。利用模型，设计团队可以调整产品的细节，并挑选它的表面装饰、颜色和材质。

除了实物模型，还有一些模型是由计算机生成的。对于复杂或大型的物体，如飞机和航天器，使用计算机生成模型要比建立一个实物等比例模型更加便宜、更加省时。计算机生成的模型也可以帮助设计师确定设计中需要调整的地方。

你的学校或图书馆是否有 3D 打印机？
这些打印机可以将材料层层铺设，然后创建模型和机器零件等 3D 对象。

创建一个原型

一旦设计完成,设计团队就会创建产品的原型。原型是已经实现了产品功能的样机,设计团队可以利用这个原型开发和测试产品的结构、功能和外观。

原型样机可能会使用与最终产品不同的原材料,并且通常没有成品那么精致。然而,原型样机的创建是设计过程中一个重要步骤,设计团队使用原型样机来测试产品的工作情况,并且还可以将其提供给用户体验,从而获得用户对产品及其功能的反馈。

有时,设计团队会在设计过程中制作多个原型样机,直到设计修改得恰到好处。

你知道吗?

对于产品测试过程,测试的人员越多越好!测试产品的人越多,团队就能收集到越多的信息,从而做出最成功的产品。

要知道的词

交互：个体之间进行事物内容和结构方面的交流，使其相互合作，共同达到某种目的。

循环：周而复始的运动或变化的过程。

测试产品

一旦工程师有了原型样机，他们就可以开始设计过程中最重要的部分之一——产品测试和再设计，产品测试就是通过使用产品来检测它是否能按照预期那样进行工作。

让用户参与测试过程是非常重要的，他们可以就产品的工作方式、他们喜欢的地方以及需要改进的部分提供宝贵的意见。例如，如果你正在测试你设计的宠物牵引绳原型样品，你可能想招募潜在的客户——狗狗的主人，来测试它，如果你能找到不同品种狗狗的主人来测试牵引绳，你就会得到更加完备的反馈。在产品测试时，拥有小型犬、大型犬和同时拥有多只狗狗的人可以给你提供各种信息，有了多种不同角度的观点，你才能在产品测试时得到最完整的反馈。

用户也应该在真实的环境中测试产品——用他们使用产品的方式来测试。例如，如果你设计了一把新的雨伞，你会让用户在雨天测试它，你不会

在测试一个新网站时，设计师一定要在电脑、手机等不同的设备上查看实际的效果。

让他们在晴天测试这把伞，因为那不是他们在现实世界中使用雨伞的场景。同样，如果你设计的是一个网站或软件，你会让用户在电脑和智能手机上分别进行测试。

如果设计的是一种体验或环境，应该让用户通过经历这种体验来测试它。例如，一个新的足球项目会邀请用户参加运行测试，然后请用户对场地、教练等进行反馈。通过在真实环境中真实用户的测试，开发者可以收集到项目工作过程中的最佳信息。

在测试设计时，团队应该仔细关注用户与产品之间的交互，例如：用户是如何体验整个项目的？用户是如何使用产品的？他们具体是如何操作的？使用过程中用户有何反应？他们在测试过程中会出现困惑吗？

关注用户反馈可以为设计团队提供改进设计的珍贵信息。

测试过程通常涉及多个循环。团队与用户一起测试产品时，会发现问题，并听取修改建议，开发人员利用这些发现对产品进行修改和再设计。一旦这个过程完成，团队会再次邀请用户测试优化后的产品，尽管这种循环看起来很乏味，但测试和再设计的循环过程有助于产品达到最佳状态。

产品发布

一旦设计和开发步骤完成，产品就可以上市了，设计团队会将所有的设计细节发送到制造车间进行生产。

设计团队还会与营销和市场专家合作。营销和市场专家会让客户开始了解新产品，让客户知道推出的产品到底是什么、是如何工作的，他们通常会使用社交媒体、网站、平面广告和电子邮件等方式来宣传新产品。

整个产品设计过程是由设计、测试、生产和营销等环节的诸多人员协同工作完成的，他们的目标都是创造一个可以解决某个实际问题的新产品。

下一章，我们将了解工业设计发展历史中出现的一些著名产品，其中许多产品已经改变了世界！

设计清单

工业设计师在创造一个产品时，会考虑以下几个因素：

> **功能：** 设计的产品是否展示出了它的功能？许多工业设计师认为，一个物品的外观应该能让用户大致了解它的功能。

> **适用性：** 产品是否适合使用它的人？设计师需要研究用户的年龄、体型、力量和兴趣，以确保产品是对他们适用的。

> **人体工程学：** 这是一门设计和规划事物以使人们能有效、安全地使用它们的学科。设计师利用人体工程学使产品安全、易于使用，且使用体验舒适。

> **美学：** 设计师选择形状、颜色和质地使产品尽可能地吸引用户。有时，人们对美的理解会随着时间的推移而发生改变。例如，你的爷爷在二十世纪七十年代穿的那条格子裤，在今天已经不那么流行了！

> **绿色设计：** 设计师需要考虑他们的产品对环境的影响。绿色设计要求使用安全和可再生的原材料，并且减少在产品制造和使用过程中的能源消耗。

识别问题

工业设计的目的是创造一个可以解决问题的产品。设计师们针对一个现有的问题，例如一把不舒服的椅子或者一把不能牢固叉住肉的叉子，设计出一个解决方案。在你的日常生活中，有什么问题可以通过设计新的产品来解决？

▶ **集思广益，列出你或你周围人的烦恼**。把所有这些烦恼都记下来。挑战自己，列举尽可能多的想法，并把它们写在你的设计笔记本上。以下是一些例子：

※ 缠绕的耳机线

※ 长时间握持手机感到疲惫，尤其在观看手机视频时

※ 运动鞋表面常常沾上泥巴

※ 旧电脑键盘的按键按下后无法弹起

▶ **一旦你建立起了一个很棒的潜在问题清单，就对每个问题进行评估**。哪些问题目前还没有解决？哪些有解决方法但并不成功？从中选择一个你想解决的问题。

▶ **一旦确定了想要解决的问题，你就需要进一步明确它**。明确具体问题是设计师为确保他们设计的东西能满足既定目标而采取的重要步骤。那么，需要明确哪些呢？

※ 要解决的问题是什么？

※ 谁遇到了这个问题？

※ 为什么解决这个问题如此重要？

▶ **回答了以上问题，你就可以使用 3W 模型创建问题陈述**，即因为某种原因（Why），谁（Who）需要某种方法或产品（What）去解决它。例如有这样一个问题陈述：因为耳机线总是容易纠缠在一起（Why），用耳机听歌的人（Who）需要一个方法来轻松地收纳耳机（What）。那么，你的问题陈述又是什么呢？

试一试！

对于某个产品，是否每个人都会遇到同样的问题？可能你认为一把椅子坐起来不舒服，而你的朋友却觉得这把椅子很舒适，这种差异会如何影响设计师在工业设计中解决问题的方式？尝试创建另一个关于流程而不是产品的问题陈述，它与你最初的问题陈述相似吗？它有什么不同呢？

进行背景调研

在设计过程的开始，设计师通过背景调研，尽可能多地了解需要解决的问题和潜在的解决方案。他们研究别人的经验和教训，从而避免自己犯错！他们研究当前的解决方案和竞争对手的产品，并且还与用户交流，了解他们的想法和需求。

请回忆你在上个活动中选择的问题，你如何才能更加深入地了解这个问题和潜在的解决方案？

▶ 制定调研计划时，请考虑以下几点：

※ 市场上已经有了解决该问题或类似问题的产品，你想从这些产品中获取什么信息？这些产品的优缺点分别有哪些？

※ 哪些用户对你的解决方案或产品感兴趣？为什么会感兴趣？

※ 如果有机会同用户或者客户交流，你会问他们什么问题？

※ 站在用户的角度，他们会认为哪些功能非常重要？

※ 你的设计方案相对于现有的设计有哪些改进？

▶ 现在，对于想了解哪些信息，你已经有了一个计划。那么，行动起来，去收集这些信息吧！你可以做以下这些调研工作：

※ 仔细观察用户的习惯和行为并同他们交流

※ 通过互联网和图书馆进行调研

※ 审视和分析类似的产品和解决方案

▶ 把你的调研过程记录在你的设计笔记本上。

想一想！

调研过程中获取到的信息将如何影响你后续对产品的设计？你认为哪种类型的信息最有用？为什么呢？你在调研过程中是否遇到让你感到意外的时候？如果在设计之前没有进行调研，最终的产品将会是什么样子？你认为这样的产品会成功吗？

尽情发挥创意，画出解决方案

一个好的设计师会尝试提出尽可能多的解决方案，然后从中选择他们认为最好的一个，产生和发展新想法的创造性过程被称为构思。为了产生创意，设计师会研究现有的产品和解决方案，他们集思广益，尽情发挥创意，有些设计师会用草图和涂鸦的方式画出可能的想法。

▶ 把你在前一个活动中发现的问题作为你想解决的目标问题，通过构思的过程，提出尽可能多的解决方案。构思不是在短时间内就能完成的，事实上，它往往是设计过程中最漫长的部分之一。你不必一次就找到最完美的解决方案，第二天再来讨论这个问题，或许你又能提出新的想法。

▶ 接下来，评估具有潜力的解决方案，选择最好的一个进行开发。在你的众多解决方案当中，总有一部分解决方案相对其他可以满足更多的需求。如果某个方案不能满足足够的设计需求，那就放弃它。

▶ 一旦选定了最佳的解决方案，就按照它来开发。从创意的粗略草图开始，然后添加成品尺寸和其他各种细节，完善草图。最后，你会得到一张包含了所有产品设计信息和功能的图纸。

试一试！

有些设计师会使用故事板在产品的开发阶段展示用户与产品交互的过程，为你的创意创建一个故事板吧。你觉得它会有帮助吗？它将如何帮助你进行设计？

分析和确定设计需求

设计需求是工业设计的重要组成部分，如果一个产品不符合设计需求，它就不会成功。因此，与实现那些仅仅是"还不错"的功能相比，确定哪些功能是满足设计需求的，在设计的开始阶段显得至关重要。

▶ 当你发现了一个需要解决的问题时，为了解决它，你设计的产品必须满足哪些具体需求？这些就是你的设计需求。如果你正在设计一个实物，你的目标往往是让用户做某些事情更加轻松便捷。带着你的问题陈述，开始下一步吧！下面，我们以之前活动中的问题陈述为例。

▶ 问题陈述：因为耳机线总是容易纠缠在一起，使用它的人需要一个方法来轻松地收纳耳机。

这个陈述中的用户需求和设计需求是什么？

※ 用户需求：能帮助用户存放耳机的东西   ※ 设计需求：耳机线不能打结

▶ 对于你确定的每一个需求，都要考虑这个问题：为了满足这个需求，哪些设计是必要的？

▶ 在你的设计笔记本上创建一个表格，列出基本的用户需求，以及为了满足这些需求而对设计提出的必要要求。这些就是设计需求，它们都是解决方案的一部分，目的都是满足需求和解决问题。

▶ 产品的物理属性需求是什么？这些答案也可以属于设计需求。例如，在我们以上考虑的收纳耳机问题中，物理属性需求可以是这款耳机收纳产品的尺寸必须足够小，可以放在桌子上而不占用太多空间；或者足够轻，可以放在背包里而不至于增加太多负担。

❯❯ 你的设计方案还有哪些需求？比如成本和制造产品所需的时间，这些虽然不是物理属性需求，但想要解决方案获得成功，它们也是必须要顾及的。

❯❯ 对于解决相同的问题，还有哪些已有产品具备类似的功能？例如，有什么其他工具可以轻松收纳或方便地解开耳机线？调查和研究这些产品，并确定每个产品的组成部分，然后思考：

※ 各组件在产品中起到的作用是什么？

※ 这些组件中，是否有满足你的需求的组件？如果有，请将它们添加到你的设计需求清单中。

※ 你是否计划开发其他竞争产品都没有的功能？

❯❯ 是否还有其他的基本功能，也应该包含在你的设计需求中？这些功能将怎样助力一个设计取得成功？

❯❯ 将你所有的设计需求和调研过程记录在你的设计笔记本上。

想一想！

仔细对比针对某个流程和针对某个产品的设计需求。想一想，它们有什么不同？它们又有什么相似之处？

构建和测试原型

为了确保设计创意的外观、触感和功能都可以达到预期的效果，设计师们会建立一个设计的原型。原型是可以实现设计功能的模型，它可能使用与成品不同的原材料，也可能不那么精致。然而，设计团队可以利用原型进行测试，看看它是如何工作的，并收集用户对它的反馈。

▶ 为了构建之前活动中设计方案的原型。你可以使用容易找到的原材料，如硬纸板、纸张、海报板、泡沫板、胶带和胶水等。在家里或教室周围找一找，你可能会发现更多的原材料。

▶ 构建你的原型。记住，这不是最终产品。想一想：

※ 为什么你要选择这些原材料？
※ 你的原型有多像成品？

※ 你的原型和成品在哪些地方是不同的？

▶ 测试你的原型。

※ 它的外观和触感如何？
※ 它是如何工作的？

※ 它是否符合设计要求？

▶ 修改原型，并与用户一起测试修改后的原型。收集他们对原型的反馈，并进行必要的修改以优化原型。在这个过程中，你需要了解用户喜欢什么、不喜欢什么。你可能需要多次重复这个步骤。

想一想！

为什么测试和再设计是工业设计过程中极其重要的一步？如果你不进行任何测试，直接将设计的产品投入生产，会发生什么？

为产品上市制订营销计划

现在是产品设计过程的最后一步——产品发布！产品发布的目的是为新产品造势，以吸引客户和经销商。

❯❯ 制订营销计划，销售你在之前活动中设计的产品。 营销计划应该包括以下内容：

※ 产品的书面描述

※ 产品测试和用户反馈的书面说明

※ 销售方案，体现新产品与市场上其他产品的不同特质，包括价格、质量、尺寸、颜色和其他特征

※ 解释产品可以为用户做什么

※ 确定目标市场，即确定想要或需要购买该产品的目标人群。如何才能最好地接触到这个目标市场？你需要了解这些潜在客户常去的地方、常看的电视节目和杂志、常访问的网站等

※ 详细的产品营销计划，包括广告样板等

想一想！

对于你所选择的物品，它的设计还有什么可以改进的地方吗？请试着说明原因。

工业设计如何改变世界

工业设计创造了一些世界上十分知名的产品。你是否使用过面包机、抽水马桶和自动扶梯呢？所有这些日常用品都是通过工业设计创造出来的！每个产品都解决了某个问题，以及创造了一种更好的方法来完成某件事情。

如果没有这些重要的产品，我们的生活将变得十分不便，让我们深入了解那些最终对世界产生巨大影响的产品和它们所走过的设计之路吧！

核心问题

设计师们都有哪些共同的特质？

第三章　工业设计如何改变世界

第一次冲水

你能想象家里没有厕所的场景吗？这就是几百年前人们的生活方式，在没有室内厕所之前，人们想到一些办法来处理排泄废物。有人使用屋外厕所，或者直接在户外排泄，这两种方法都有缺点——在晚上、雨天或者寒冷的时候，这可能并不舒适！

在中世纪的英国，人们使用的是夜壶，也就是他们放在床下的小盆。每天，他们都要把夜壶清空，有时甚至会把里面的东西通过窗户倾倒在街上。如果这时窗下正好有人的话，他的感受可想而知。富有的人们使用的是城堡厕所，它是一个伸出护城河的房间，这个房间有一个开口，排泄物可以通过这个开口掉入护城河的水中。在伦敦，许多人使用大型公共厕所，厕所中的排泄物会被直接倒入泰晤士河。所有这些方法都是令人不适的，会散发异味且不卫生。

> **要知道的词**
>
> **废物**：可能危害环境的无用物质。
>
> **夜壶**：便壶。
>
> **城堡厕所**：一个从城堡里伸出的房间，悬在护城河上方，房间的地板上有一个洞与外界相通，人们在这里上厕所。

英国德比郡卡塞尔顿佩弗里尔城堡里的厕所。
图片来源：Dave.Dunford

工业设计

要知道的词

水箱：储存水的箱子。

下水道：排放污水的通道。

卫生系统：与公共卫生和清洁相关的设施与条件，特别是清洁的饮用水和完善的污水处理系统。

浮球阀：从水箱中抽出液体后可以自动注水的阀门。

节约：防止过度使用资源。

在十六世纪，英国的约翰·哈灵顿爵士（John Harington）设计了一种早期的马桶来解决一部分问题。哈灵顿设计了一个比较深的椭圆形的盆作为便池。排便后，楼上的水箱会冲下几十升水来清空便池，他为他的教母伊丽莎白一世女王（Queen Elizabeth I）建造了可以工作的马桶模型，然而，它并没有受到公众的欢迎。

两个世纪后，钟表匠亚历山大·卡明（Alexander Cumming）研制出了第一个成功的抽水马桶。他设计了一个独立的水箱，高居于座圈之上，人们拉动一条铁链就可以冲水。卡明还开发了便池下的 S 形下水管，这种形状的管道可以形成水封，防止下水道气体从马桶进入房间，从而有效解决了厕所臭气熏天的问题。

十九世纪，随着英国人口的增加，卫生系统成为一个巨大的问题。过度拥挤的公共厕所污水横溢，污水流入街道和河流中，污染了饮用水供应源头，霍乱等水媒传播疾病导致数万人死亡。为了解决这个问题，英国政府宣布，每栋新房子都应该有一个专门的房间配备抽水马桶，他们还委托伦敦市修建了下水道系统来处理排泄物。随着城镇采用新的厕所和卫生系统，水媒传播疾病造成的死亡人数急剧下降。

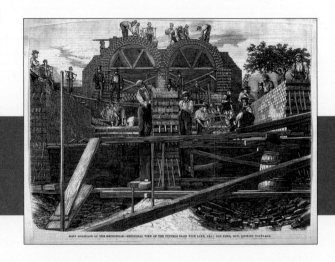

记录十九世纪英国伦敦鲍区（Bow）旧福特街（Old Ford）附近大污水隧道建设工程的木版画。

图片来源：Wellcome Collection. (CC BY 4.0)

第三章 工业设计如何改变世界

弗洛伦斯·诺尔

弗洛伦斯·舒斯特·诺尔（Florence Schust Knoll）于 1917 年出生于密歇根州（Michigan）的萨吉诺（Saginaw），是世界上最具影响力的设计师之一。被亲朋好友称为"Shu"的诺尔在高中时就发现了自己对设计的热爱，之后，她在大学里学习建筑。1941 年搬到纽约后，她认识了德国家具制造商汉斯·诺尔（Hans Knoll），汉斯来到美国建立了自己的现代家具公司——汉斯·诺尔家具公司（Hans Knoll Furniture Co.）。弗洛伦斯成为汉斯的内饰专家，后来又成为他的妻子，两人共同将公司发展壮大，将公司改名为诺尔联合公司（Knoll Associates），并扩大了家具产品线。

弗洛伦斯成立了规划组（Knoll Planning Unit），他们对每个客户进行调研和访谈以确定客户需求、明确客户办公室的使用模式、了解客户公司的组织架构，然后再进行全面的室内设计。弗洛伦斯和规划组用轻巧的现代设计取代了充满沉重家具的传统办公室陈设，她引入了效率和空间规划的概念，为一些美国的大型公司设计了办公室内部装修，包括国际商业机器公司、通用汽车和哥伦比亚广播公司，弗洛伦斯也设计家具的款式。汉斯于 1955 年去世后，弗洛伦斯继续管理公司。1960 年，她辞去总裁职务，成为设计总监。1965 年，她从公司退休。弗洛伦斯为现代公司的全方位设计做出了卓越贡献。

多年来，马桶的设计不断改进。十九世纪末，托马斯·克雷伯（Thomas Crapper）首次成功制造了抽水马桶生产线，并创造了浮球阀。浮球阀是一种水箱注水装置，至今仍在现代马桶中使用。如今，设计师们对抽水马桶进行了改进，将水箱下沉，使其成为马桶的一部分，这使得马桶更容易安装和维护，同时也让它使用起来更有效率。由于节约用水已经成为一个需要优先考虑的事项，现代设计师已经发明了高效的节水马桶，并且可以防止堵塞。

现在，马桶设计师们研究出了马桶的最佳高度、最佳形状和令人舒适的功能。通过工业设计，现代抽水马桶已经成为排泄物的理想去处！

烤面包

"要不要在炒鸡蛋的时候来点面包？"把两片面包放进电烤面包机里，一两分钟后，完美的烤面包就会弹出来。这看起来是非常轻松的事情，但在以前，烤面包并不那么容易。在发明烤面包机之前，人们必须用叉子叉起一块面包，然后把它放在明火或炉灶上烤，这是一个烦琐的过程，并且容易把面包烤焦。

二十世纪初，一位名叫阿尔伯特·马什（Albert Marsh）的工程师创造了一种镍和铬的金属合金，称为镍铬合金。马什的合金可以方便地制成具有较高电阻的线材，设计师们将这种新材料用于制造电烤面包机。

1909 年，美国通用电气公司推出了电烤面包机。该公司的烤面包机是一个钢丝骨架，上面有一个支架，可以放置面包，人们把面包放在支架上面对着加热的电线圈来烤制，当一面被烤熟后，他们用手转动面包继续烘烤另一面。虽然 GE 烤面包机在商业上取得了成功，但它并不完美，如果人们没有在正确的时间翻转面包，面包就会烤不熟或者烤过头。此外，面包机的温度也无法控制，这些缺陷导致了更多的面包被烤焦。

你能想象用这个做烤面包吗？和图中的烤面包机相比，现代面包机的设计有什么变化？
20 世纪初，美国通用电气公司推出的 D-12 型烤面包机，由华盛顿美国国家历史博物馆展出。

　　十年后，一位名叫查尔斯·斯特里特的机械师对公司食堂提供的烧焦的面包颇感失望。他决定解决这个问题，怎么解决呢？他在烤面包机中加入了弹簧和计时器，到达设定的时长后，计时器关闭加热元件并释放弹簧使面包弹起。1919年，斯特里特为他的弹出式烤面包机申请了专利，他将其称为"面包机大师（Toastmaster）"。1926年，"面包机大师"开始对外销售。1930年，大陆烘焙公司（Continental Baking Co.）推出了预切面包，这使"面包机大师"的销售量更上一层楼。弹出式烤面包机的发明让烘烤面包变得如此简单。

　　烤面包机继续获得发展。今天的烤面包机使用微芯片对百吉饼、英式松饼等各种烘焙食品的烘烤进行个性化编程。设计师们已经创造出了开口更宽的机型，用于制作厚厚的百吉饼和面包片；他们还拓展出拥有多达六个插槽的机型，能同时烤制大量的面包。你还能想到更多的方法让烤面包机变得更好用吗？

溜冰鞋的设计历程

　　设计通常不是一成不变的。随着时间的流逝，设计师们会对初始想法进行改进和补充，外观和功能都会发生变化。溜冰鞋的发明就是设计不断改进的一个例子。

　　数百年来，纳维亚半岛的人们一直使用冰鞋在结冰的运河和湖泊中穿行。十七世纪初，有个荷兰人想在夏天滑冰，他把木轴钉在木片上，然后把它们连接在鞋上，这是第一双旱地溜冰鞋。

1910年，一个穿着溜冰鞋的年轻人。这和你今天看到的溜冰鞋有什么不同？

图片来源：George Grantham Bain Collection, Library of Congress

工业设计

1760 年前后，比利时发明家约瑟夫·梅林（Joseph Merlin）设计了一双带有小金属轮的溜冰鞋，这就解决了木轮不怎么耐用的问题。1819 年，法国发明家曼西尔·彼提博德（Monsieur Petibledin）进一步优化了这一设计，制作了一种用四个滚轮连接在木制鞋底上的溜冰鞋。

虽然这种溜冰鞋在直线移动时效果很好，但却很难操控，滑冰者只能进行一些大半径的转弯。为了解决这个问题，1863 年美国人詹姆斯·普林普顿设计了一种方便转弯的"滚轴溜冰鞋"。普林普顿的溜冰鞋有四个轮子，前面一对，后面一对，轮子上还有橡胶弹簧，这样滑冰者可以向前、向后移动，并且可以轻松转弯。这种溜冰鞋的设计很快就成为生产厂家使用的标准。

随着时间的推移，设计师们逐渐对溜冰鞋的设计进行了其他的改变。早期的溜冰鞋很重，轮子也很难转动。十九世纪八十年代，滚珠轴承轮的使用使溜冰鞋变得更轻，滚珠轴承也减少了摩擦力，这样溜冰鞋的轮子会转得更快、更平稳。

第三章　工业设计如何改变世界

二十世纪七十年代，塑料轮子开始流行，这使溜冰变得更加平稳和容易。二十世纪八十年代，明尼苏达州的斯科特（Scott）和布伦南·奥尔森（Brennan Olson）兄弟想改造他们的冰上曲棍球靴，这样他们就可以在夏天进行曲棍球交叉训练。他们发现了一双使用直排轮而不是普林普顿四轮设计的旧溜冰鞋，兄弟俩对直排轮溜冰鞋很感兴趣，于是决定改进这个设计。

他们发明了一种使用四个聚氨酯轮子的溜冰鞋，并将四个轮子排列成一条直线，然后固定在曲棍球靴上。他们把这款溜冰鞋称为"直排轮滑溜冰鞋"，并在 1983 年成立了一家名为"滚轮之刃（Rollerblade）"的公司大量生产直排轮滑溜冰鞋，然后向公众销售。

第一批大批量生产的直排轮滑溜冰鞋存在一些缺陷：穿鞋过程并不轻松，松紧调节也比较困难。此外，轮子也很容易发生损坏，刹车有时也不怎么管用，而且滚珠轴承中也容易积聚灰尘和水分。这些都是需要解决的问题，而之后的设计解决了这些问题，并且还引入了新材料，拓展了新功能。

直排轮滑溜冰鞋的样式。

今天，世界各地的人们可以穿上直排轮滑溜冰鞋在夏天享受溜冰的乐趣，溜冰鞋设计的进步带给人们许多快乐。每年，设计师们都会对溜冰鞋进行优化以提高舒适度、耐用性和其他性能，持续的改进让现在的溜冰鞋比以往任何时候都要好！

工业设计

要知道的词

赤陶土：用来制作建筑物、陶器和雕塑的黏土材料。

石膏：一种经常被用来雕刻的软矿物。

化石燃料：一种天然燃料，如煤、石油和天然气等，它是由古代生物遗骸经过复杂变化而形成的。

碳化：有机化合物在隔绝空气的条件下热分解为碳和其他产物。

一个明亮的创意

很久以前，太阳是主要的光源，人们必须趁着黑夜来临之前就完成所有的工作。随着火的发现，人们有了火把，它可以在夜间提供一些照明。这个解决方案聊胜于无，但更小、更可控的光源才是人们所期待的。

一种解决方案是早期的油灯。人们使用贝壳、空心石或任何不会燃烧的材料盛放动物脂肪，然后把苔藓浸泡在动物脂肪中，人们点燃苔藓产生火焰。

经过几个世纪的发展，用来制作油灯的材料也在不断改进。在古希腊和古罗马，制灯师用赤陶土、青铜、石头和石膏制作油灯。设计师们改变了灯的形状，使它所盛放的油燃烧的时间更长。古罗马人还开发了使用烛芯的早期蜡烛，它由莎草卷纸浸泡在熔化的动物脂肪或蜂蜡中制作而成。

与其他照明方案相比，灯有几个优势：它们比带明火的火把更容易携带，也更安全；与蜡烛不同，灯可以重复使用。人们曾用橄榄油或动物脂肪作为灯的燃料，利用点燃纤维灯芯产生

少女设计师

在二十世纪五十年代，很少有女性从事工业设计工作。通用汽车公司设计部副总裁哈雷·J. 厄尔（Harley J. Earl）认为，女性设计师可以帮助他们制造出吸引女性买家的汽车。在二十世纪五十年代中期，他招募并雇用了女性设计师。公司里由十名女性组成的小组，被称为"少女设计师（Damsels of Design）"。她们几乎设计了汽车内饰的每一个部分，包括座椅、车门、装饰、颜色、面料等，还包括通用汽车几个子品牌产品中的各种细节。她们增加了一些至今仍在汽车上使用的功能，如儿童安全门锁、照明化妆镜、可伸缩安全带和储物台等。

火焰。今天，有些人仍然使用油灯，不过如今的燃料主要是石蜡或煤油。

十七世纪末，人们发现可以使用一些其他的化石燃料来实现照明，如从石油和煤炭中提取的煤气，设计师们发明了使用这些燃料的新型照明解决方案。当时，煤气灯在家庭照明和户外野营活动中变得非常流行，然而，煤气有毒且易燃——这并不是人们希望在家中使用的燃料。

1879 年，美国发明家托马斯·爱迪生（Thomas Edison）想出了一个好主意。爱迪生对电非常着迷，他认为用电来照明会比使用煤气安全得多。当时灯泡已经被设计出来了，但它们并不实用，因为它们体积大、耗电多。当时有好几位设计师正在尝试制造一种更好的电灯泡，但遗憾的是，当时还没有人能够制造出连续使用超过数分钟的电灯泡。

在长达一年多的时间里，爱迪生一直在寻找电灯泡的正确设计方案。他制造了几个模型，但都失败了。之后，他发现用碳化棉线作灯丝，竟然可以正常工作数小时，这是一个重大突破。很快，爱迪生又改进了他的灯丝，使它能持续工作更长时间。

爱迪生还帮助设计了电力系统，电力系统可以为家庭提供电力以点亮他的电灯泡。

电气时代已经到来。爱迪生的制造公司——爱迪生电灯公司（Edison Electric Light Co.）开始制造电灯泡和电气系统零件，几年内，全美国的人都在使用爱迪生的电灯泡。创新战胜了黑暗。

爱迪生制造的第一批灯泡。

特百惠（TUPPERWARE）派对

二十世纪四十年代初，美国发明家厄尔·塔珀设计了一种新型的塑料收纳容器，他把这种收纳容器称为特百惠。塔珀在马萨诸塞州的莱明斯特拥有一家塑料制造公司，二战期间，塔珀的公司生产了防毒面具和信号灯等军事产品。

二战后，塔珀开始对设计三明治夹、香烟盒等塑料消费品非常感兴趣。在二十世纪四十年代，塑料制品会有一些缺点，如易碎、有异味和油腻感。为了发明一种更优质的塑料，塔珀用炼油提纯过程中的一种副产品进行了实验，他发明了一种耐用、柔韧、无味、无毒、轻巧的塑料。

塔珀计划用他的塑料来制造食品收纳容器，他设计了一系列塑料收纳容器，与传统的采用玻璃和陶瓷制成的食品容器相比，这些塑料收纳容器更轻、更不易破碎。他还仿照油漆罐盖子的结构设计了"塔珀密封盖（Tupper Seal）"并申请了专利，这是一种具有良好气密性和隔水性的盖子。

然而，塔珀公司的收纳容器在零售店的销售情况并不理想，人们并不知道如何使用它们。

为了解决这个问题，公司推出了特百惠家庭派对。第一场聚会于1948年举行，它为消费者了解特百惠提供了一种新的方式，派对女主持人演示了产品，并讲述了密封的好处。随后，人们纷纷下单购买该产品。

特百惠派对很快就像公司之前的塑料产品一样出名。冰箱可以增加食物的保存时间，而特百惠的设计则让食物的储存和保鲜时间更长，而且摆放整齐、易于收纳。这既是产品设计创新的典范，也是营销创新的典范！

你知道吗？

你的厨房里有特百惠餐具吗？今天你也可以举办一场精彩的特百惠派对！

美国人最喜欢的椅子

伊姆斯（Eames）休闲椅是有史以来最具标志性的椅子之一。查尔斯·伊姆斯（Charles Eames）和雷·伊姆斯（Ray Eames）是美国的夫妻设计团队，他们的目标是创造可以低价大批量生产的时尚设计。

在二十世纪五十年代，伊姆斯夫妇开始设计一种高端、奢华的椅子，它必须是现代且时尚的，还必须舒适。在早期设计阶段，伊姆斯夫妇想象着一个人依偎在一只破损的旧皮革棒球手套中。他们希望坐在椅子上的人能够感觉到舒适和惬意，就像被包裹在温暖的皮革中一样，这一设想促成了伊姆斯休闲椅的诞生。

为了打造这把椅子，伊姆斯夫妇使用了三块模压胶合板，它们构成了椅子的底座、靠背和头枕。他们在每一块模压胶合板上都覆盖了一层紫檀木贴面，然后，他们添加了皮革垫子。为了让用户体验更好，他们还设计了一个配套的搁脚凳。

一把正宗的伊姆斯休闲椅。

图片来源：David Costa (CC BY 2.0)

赫曼米勒公司（Herman Miller Co.）于 1956 年开始销售伊姆斯休闲椅，这把椅子成为第一个用胶合板制作且专门为大批量生产而设计的豪华家具产品。

伊姆斯休闲椅取得了巨大的商业成功。几十年后，这把椅子仍在生产和销售，它流畅的设计成为其他家具设计师参考的标准。

你知道吗？

在纽约现代艺术博物馆和马萨诸塞州波士顿美术博物馆里都能看到原版的伊姆斯休闲椅。

以上这些产品设计和设计师正是工业设计改变世界的范例。

从马桶到特百惠，这些产品的出现是因为它们的设计师发现了一个需要解决的问题，然后撸起袖子努力找到了一个解决方案并进行了测试，最后将产品带到了世界上。正因为有了这些标志性的设计，世界才变得更加有趣！

研究一个标志性设计

你是否常常研究你身边日常使用的物品？从圆珠笔到碗碟，标志性的设计其实就在我们身边。让我们一起来深入了解它们吧！

▶ **选择一个你感兴趣的物品然后了解更多关于它的设计。**一些可以参考的研究对象包括：

※ 订书机　　　　　　　※ 便笺纸

※ 相机　　　　　　　　※ 酱油瓶

※ 棉签　　　　　　　　※ 玻璃可乐瓶

※ 平底纸袋　　　　　　※ 乐高积木

▶ **利用图书馆或互联网资源，调研你所选择对象的产品细节和设计故事。**在调研中思考以下问题：

※ 谁设计了这个物品？

※ 这个物品要解决的问题是什么？

※ 这个物品的设计需求是什么？

※ 这个物品是否能满足所有需求？

※ 它好看吗？

※ 它是否解决了它所要解决的问题？为什么呢？

▶ **使用你的调研结果，**创建一个幻灯片演示文稿来分享设计故事。

想一想！

对于你所选择的物品，它的设计还有什么可以改进的地方吗？请试着说明原因。

设计一把椅子

设计的目的是解决问题、满足需求。当工业设计师创造和改进产品时，他们要确保他们的设计能满足用户的需求。在这个活动中，你将设计一把满足特定类型用户需求的椅子。

➤对于以下几类使用椅子的用户：

※ 一位80岁的老人，依靠拐杖行走。他每天的大部分时间都是坐在椅子上看电视，落座和起身对他而言都十分艰难。

※ 一位30岁的马拉松选手，大部分时间都在运动。因为她经常肌肉酸痛，所以她更喜欢一个可以缓冲的、舒适的地方来放松和准备第二天的跑步。

➤选择其中一个用户，列出他们对椅子的要求，想一想这些要求与椅子的设计需求有什么关系。

➤选择各种材料来制造这把椅子。可以使用的原材料包括黑色记号笔、纸、剪刀、波纹纸板、管道清洁器、造型泥、棉球、胶带和牙签等。

➤按照设计流程，思考你的设计需求，然后开始设计椅子。

※ 画几张设计草图。你将在设计中使用哪些元素？这些元素如何满足设计需求？

※ 使用你的原材料，制作一个简单的椅子模型。

※ 评估你的椅子的设计：它是否符合设计需求？它是否能按照预期的那样工作？它看起来是否美观？

※ 请其他人测试这把椅子来评估你的设计。他们建议做哪些改变或改进？

▶ **请目标用户再次进行测试。**如果需要，根据测试的反馈改进椅子的设计。在你有了最终的设计方案之后，思考以下问题：

※ 在设计过程中，你修改了哪些地方？你从椅子模型和实物原型中获得了哪些信息与感受？

※ 你最喜欢使用哪种原材料来进行制作？最不喜欢使用哪种原材料？为什么呢？

试一试！

试着用不同的原材料制作相同椅子的模型。不同的原材料对设计有什么影响？原材料的选择对椅子满足设计需求的程度产生了什么影响？

设计的变迁：绿色照明

二十世纪七十年代，在阿拉伯石油禁运期间，美国经历了石油短缺和石油价格大幅上涨，这一经历标志着提高能源效率和节能运动的开始。美国国会于1977年成立了美国能源部，以实现能源资源的多元化并促进能源节约。因此，许多消耗能源的产品出现了一个新的设计需求：节能。照明技术是随着节能产品的发展而革新的一个技术领域。

▶ **了解一下市面上已有的各种灯泡：**

※ 白炽灯　　　　　　　　　　※ 紧凑型荧光灯（CFL）

※ 卤素灯　　　　　　　　　　※ 发光二极管（LED）

※ 荧光灯

▶ **它们各有什么利弊？** 通过互联网或图书馆进行一些调研，然后创建一个图表来比较每种类型灯泡的异同。

※ 它们在发光效率、光强、平均寿命、美学、调光能力和成本方面有何差别？

※ 各种灯泡如何满足绿色设计的需求？

※ 增加绿色设计需求是否会影响灯泡满足其他设计需求的能力，如成本和美学？

试一试！

你家里用的是什么类型的灯泡？仔细检查家里所有的灯泡和周围的环境，然后想一想你可以对家里的灯泡做哪些改变，从而让家更节能并且也能满足家居设计需求。

思维导图是人们用来产生创意和集思广益的一种技术。思维导图是一种将词语、概念、对象、任务等与中心思想或主题联系起来的图表，这是一种简单的用来进行自由创意和讨论的方法，不用担心具体的顺序和结构。

▶ 开始时，找一张大纸和几支不同颜色的钢笔或铅笔。在纸的中央，用一个词描述工业设计要解决的问题，把这个词圈起来。

▶ 接下来，想一想与你刚才写下的有关的词语。把这些词语写在纸上，让它们围绕着圈起来的词，同样把它们圈起来，并连接它们，继续添加，直到你想不出更多的词语了。

▶ 一旦你想不出更多的词语了，你就可以开始对第二组圆圈中的每个词语重复这个过程，然后是第三圈，重复下去，直到把纸填满。记住，思维导图的目标是在短时间内产生尽可能多的词语。

▶ 回顾你写下的众多词语。创建思维导图的过程是否有助于你提出解决问题的设计方案？你习惯这种自由创意的方式吗？

试一试！

调研其他发挥自由创意的方法，你觉得哪一种最适合你呢？

了解工业设计领域具影响力的设计师

纵观历史，许多才华横溢的设计师为工业设计领域做出了重大贡献：他们创造了许多世界上十分知名的产品，他们将外观、功能和美学融合在一起，创造出了深受用户喜爱的产品。

你可以在网站上找到一些知名设计师的信息。

▶ **选择一位你想进一步了解的设计师。** 你可以从以下设计师中进行选择，也可以挑选其他你感兴趣的设计师。

※ 彼得·贝伦斯（Peter Behrens）

※ 迪特·拉姆斯（Dieter Rams）

※ 夏洛特·贝里安（Charlotte Perriand）

※ 雷蒙德·罗维（Raymond Loewy）

※ 亨利·德雷夫斯（Henry Dreyfuss）

※ 扎哈·哈迪德（Zaha Hadid）

※ 拉塞尔·赖特（Russel Wright）

※ 查尔斯和雷·伊姆斯夫妇
（Charles and Ray Eames）

※ 乔纳森·艾维（Jonathan Ive）

※ 贝尔塔·本茨（Bertha Benz）

※ 詹姆斯·戴森（James Dyson）

※ 亚当·沙维奇（Adam Savage）

※ 罗恩·阿拉德（Ron Arad）

▶ **利用互联网和图书馆调研你选择的设计师和他的设计故事。** 思考以下问题：

※ 这位设计师的学习和工作背景是什么？他在哪里上学？他在哪里工作？

※ 这位设计师是如何参与设计的？

※ 这位设计师是因为设计哪些产品而出名的？

※ 这位设计师的设计解决了什么问题？

※ 这位设计师在什么时间受到过什么人物的影响？

※ 这位设计师在事业上有哪些成功的经验和失败的教训？

※ 这位设计师强调的设计元素是什么？他是以设计哪些元素著称的？

※ 这位设计师对整个工业设计领域有何影响？

▶ **利用你所了解的信息，制作一个演示文稿来分享你选择的设计师的故事。**

咔嚓！

你多久剪一次指甲？以前，很多人觉得剪指甲这件事非常烦琐，而现代指甲刀让这个过程变得相对容易一些。其实指甲刀是近期才发明的，1881 年，尤金·海姆（Eugene Heim）和奥莱斯廷·马茨（Oelestin Matz）获得了第一个类似于我们今天使用的指甲刀的专利，这张就是他们的原始草图。看起来熟悉吗？从这项专利获得授权到今天，指甲刀的设计有什么改进吗？在这项发明出现之前，人们是如何剪指甲的？做一些调研找出答案吧！友情提示：这个调研可不是那么简单哦。

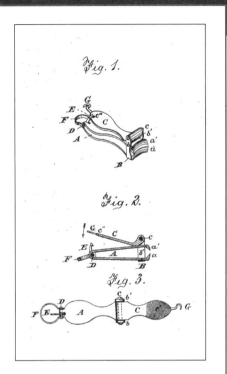

试一试！

选择你在日常生活中使用的一种产品，试着了解它的设计者和产品的设计历程。

色彩的含义

色彩是设计的重要组成部分。色彩可以影响一个人对产品的感受，它可以使人产生不同的情绪、联想和反应，影响用户对产品的看法。颜色也有不同的文化含义，例如：有些文化中，黑色是死亡的颜色；而在其他一些文化中，白色是死亡的颜色。所以，在选择颜色的时候，设计师必须非常小心！

▶ **利用互联网或图书馆**，调研以下颜色的情感意义：

※ 红色　　※ 蓝色
※ 黄色　　※ 绿色
※ 白色　　※ 柔和的颜色
※ 黑色　　※ 鲜艳的颜色
※ 银色　　※ 深沉的颜色
※ 粉色

▶ **以上每种颜色适合哪些类型的产品？** 以上每种颜色不适合哪些产品？设计中颜色的选择如何影响用户的购买决策？

你知道吗？

你是如何知道设计效果在电脑屏幕上看到的蓝色与最终印制在报纸上的蓝色是一样的？你可以使用潘通配色系统（Pantone Matching System，PMS）。这是一个颜色的数字化编码系统，当设计师要求使用编码为 Pantone 7459 C 的蓝色时，将这个编码告诉印刷商，印刷商就能准确知道他们想要的蓝色具体是怎样的蓝色。

想一想！

有时候，设计师会用一些花哨的名字来向用户描述颜色。一辆自行车被涂成了通用的"红色"，还是涂成了花哨的"冰糖葫芦苹果红"，这两者之间有什么区别？不同颜色的名称给你怎样不同的感觉？试着在网上或商店里找一些不同类型的颜色名称，想一想：它们是简单的还是花哨的？你认为公司为什么会选择那种类型的颜色名称？你能想到一些新的颜色名称吗？

改进厨具设计

厨房里有很多餐具——打蛋器、削皮器、比萨刀、冰淇淋勺、奶油抹刀等等。你能找到通过工业设计改进它们的方法吗？

▶ **在家长的允许下，清点你家的厨房用品。然后，思考以下问题：**

※ 你家有哪些类型的厨具？每种厨具有多少个？

※ 它们是由什么材料制成的？

※ 它们是否符合人体工程学？

※ 是否有难以握持或难以使用的厨具？

※ 是否有破损或生锈的情况？

※ 是否左右手都可以方便地使用它？

※ 是否会因手柄晃动而使你难以握住它？

※ 是否有尖锐的边缘，以致当你拿着它时可能会割到手？

※ 是否美观？

▶ **在家人的陪同下，选择一个厨具，通过工业设计进行改进。请按照以下设计流程进行：**

※ 了解问题所在

※ 确定设计需求

※ 获得新的创意

※ 制定解决方案

※ 选择最佳方案

※ 制作模型／原型

※ 测试和再设计

▶ **向家人展示你新改进的厨具设计，想象一下他们会有怎样的反应。**

试一试！

你能设计一款产品来收纳你的厨房用品吗？

工业设计和电子产品

每年，新的高科技设备都会在消费电子展上亮相，这些设备承诺让我们的生活变得更轻松、更互联、更有趣。从笔记本电脑和平板电脑，到智能手机和高清屏电视机，当今的高端电子产品展示了最先进的工程和设计解决方案。

不断发展的消费电子行业正改善着我们的生活。然而，消费电子产品的周期往往很短，在新设计亮相后仅几个月，硬件和软件就过时了，设计也逐渐显得陈旧，它们开始被新的必备产品所取代。

核心·问题

电子产品设计对产品成功与否会产生怎样的影响？

第四章 工业设计和电子产品

从一开始，消费电子和关于它的设计就是在不断变化中发展的。让我们一起来看看这些自诞生以来就经历许多重大变革的电子设备吧！

电子时代的视频录制技术

1971年，索尼（Sony）公司推出了第一台录像机（Video Cassette Recorder，VCR）。其实录像机背后的技术早在几年前就已经出现了，二十世纪五十年代，电视机出现在美国各地的客厅里，并且越来越受欢迎。通常情况下，演播室直播新闻节目，通过电视网络进行广播。然而，在美国这样一个有着多个时区的国家，直播会带来一个问题：纽约时间下午六点在东海岸直播的新闻节目，出现在加州旧金山电视上的时间是下午三点，而此时旧金山的大多数人还在上班或者上学。

要知道的词

电子：原子中带负电荷的粒子。

原子：一种很小很小的物质。原子是构成宇宙万物的微小单元。

电荷：电荷是物质的物理属性，当它被置于电磁场中时，会产生一种力。粒子所带电荷可以是正电，也可以是负电。

什么是电？

我们都知道，需要有电才能开灯和看电视，但电是从哪里来的呢？电来自电子。电子是原子中一个微小的携带电荷的部分，是构成所有物质的微小粒子之一，电子带有负电荷。当施加力给电子的时候，原子外层的一些电子就会脱离原子并移动到另一个原子上，当电子以相同的方向从一个原子移动到另一个原子时，这种电子的流动就叫作电。

工业设计

当时，录制录像片的唯一途径是使用屏幕录影技术，这是一个使用特殊摄影机拍摄电视显示器直播画面的过程。冲洗屏幕录影胶片需要几个小时，而且播放质量很差。

是制作第二套专为加州旧金山准备的现场直播节目，还是立即赶制纽约直播节目的翻录胶片？电视台不得不在这二者之间做出选择，以保证节目能在加州旧金山准时播出。

电视台急需一种更好的录制技术。

于是，好几家电子公司抓紧开发新的技术。许多公司试验了使用磁带的录像机，一家名为安培的公司研究出了一种使用旋转磁带设计的解决方案——这种设计已经被用于音频录制。1956 年 4 月，安培公司推出了世界上第一台型号为 VRX-1000 的磁带录像机。

你知道吗？

1954 年，广播电视首次使用彩色画面播出玫瑰花车大游行。直到 1955 年，彩色电视画面才在美国被广泛采用。

虽然这项技术是革命性的，但每台 5 万美元的价格是非常昂贵的！即便如此，电视台还是争先恐后地订购了新的录像机。哥伦比亚广播公司（CBS）是第一个使用该技术的电视台，它于 1956 年 11 月 30 日在纽约播出了《道格拉斯·爱德华兹与新闻》节目。公司把节目录制下来，几个小时后在美国西海岸重播，这样，新闻主播爱德华兹就再也不需要重复直播了。

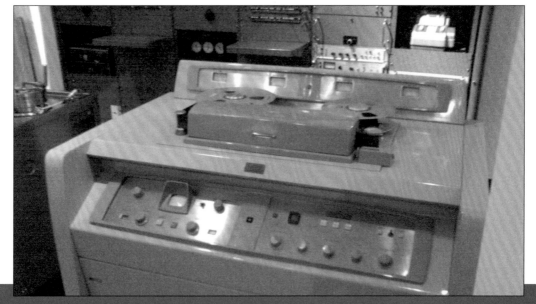

二十世纪五十年代，第一台录像机。它比现在的录像机大得多！
creit: Karl Baron (CC BY 2.0)

在安培公司的解决方案成功之后，其他电子公司也开始尝试视频录制技术中的旋转头设计。VRX-1000 型录像机并不适合家庭使用，因为它太昂贵且过于复杂，一般用户难以操作。于是，电子设计师们试图开发一种家用录像机，在设计需求中，设备必须坚固、操作简单、价格低廉。

最终，出现了三种录像机格式：1975 年日本索尼公司的 Betamax、1976 年日本胜利公司（JVC）的 VHS、1978 年荷兰飞利浦公司的 V2000。不同格式的录像机之间并不能相互兼容，也就是说，一盘录像带，如果能在其中一台机器上播放，就无法在另一台机器上播放。

工业设计

要知道的词

电路：指电流流动的路径，起点和终点在同一点以形成回路。

导体：电流容易通过的材料。

当索尼公司发布 Betamax 录像机时，公司高管们认为他们的技术和设计优于市场上的任何其他产品，他们相信其他公司会放弃自己的研究和设计尝试，采用 Betamax 作为全行业的标准格式。

然而，JVC 公司拒绝采用 Betamax 格式，并在一年后向市场推出了自己的 VHS 格式。飞利浦公司的 V2000 格式也很快跟进，但由于技术问题，它并没有得到广泛使用。

电子工业设计的分工

电脑、手机、iPod 等电子产品都有硬件和软件两个部分。那么，由谁来设计哪个部分呢？一般来说，工业设计师设计硬件，包括你看到的外壳；电子和软件工程师开发软件，使设备能够工作。

一台录像机有很多不同的组件。

电路是如何工作的？

从 iPod 到数字计算器，电子产品都是以电的形式使用能量。为了产生电，我们要建立一个电路。当你打开家里的一盏灯时，你就接通了电路，并使电子定向移动，电流流过灯泡，使其发光。以下这些都是电路的主要组成部分。

❱ 电源：电池或墙上的插座。电流从这里出发和终止。

❱ 导体：输送电能的导线。导体可以是任何允许电子流动的材料。

❱ 负载：使用电力的设备，如灯泡。

❱ 开关：闭合时，开关接通电路，电流流动；抬起时，开关断开电路，电流不能流动。

在电路中，电源产生动力，使电子定向流动通过导体，进入负载。闭合电路是一个完整的电路，没有中断；而开关抬起断开的电路有中断，使电子不能流动。

几年来，索尼公司和 JVC 公司为赢得消费者而战。无论消费者们选择哪种格式，他们现在都可以录制电视节目并随时观看，他们还可以购买或租赁录像带。虽然与今天的标准相比，当时的录像机是相当基础的，但它向个性化娱乐系统迈出了第一步。

那么，谁赢得了格式战争？虽然 Betamax 格式的录像机质量更好，但价格更昂贵，也更难以维修，并且早期的机型只能与某些型号的电视机配合使用。录像带租赁店决定提供更多的 VHS 格式的录像机和录像带出租，最终，JVC 的 VHS 格式将 Betamax 格式挤出了市场。

工业设计

DVD 光盘。

即便如此，技术和设计也没有停滞不前。二十世纪九十年代末，DVD 播放器问世。DVD 是一种可以存储大量数据的光盘，因此是存放录像的理想选择。到 2003 年，DVD 的销量超过了 VHS 磁带的销量，录像带租赁店开始囤积 DVD 而不是 VHS 磁带。

今天，这种变化仍在持续，数字录像机和其他新技术为消费者提供了更多的录制和播放视频的选择。想一想，这些技术的变迁如何影响你的日常生活？你在家里是如何观看电影和电视节目的？你认为录像技术接下来可能会怎样发展？

早期的游戏设计

你知道第一个电子游戏是什么吗？你的回答可能是"Pong"，即雅达利（Atari）公司在 1972 年发布的乒乓球街机游戏。然而，其实在这之前的几个月，美国电子公司美格福斯（Magnavox）就展示并发布了第一款家用电子游戏系统美格福斯·奥德赛（Magnavox Odyssey）。

奥德赛是由工程师拉尔夫·贝尔（Ralph Baer）在游戏主机"布朗盒子（Brown Box）"的基础上设计的一款原型机。与今天的电子游戏相比，奥德赛简直是太原始了！它的屏幕上只能显示几个很小的白色方块和一条竖线，它附带了几款游戏，包括类似 Pong 的游戏，用户可以在屏幕上覆盖半透明的膜，用来提供不同的游戏设定和布局。奥德赛还附带了一包非电子游戏配件，包括骰子、一整副牌、游戏币和扑克筹码。

虽然奥德赛在家用游戏电子产品中具有革命性的意义，但它在商业上并不成功。许多人错误地认为该游戏系统只能在美格福斯电视机上使用，它最终只卖出了大约 35 万台，其受欢迎程度完全无法与雅达利出品的 Pong 游戏相比。

1977 年，雅达利 2600 型游戏主机的问世，让游戏产业向前迈出了一大步。雅达利游戏主机不再被限定为固定数量的游戏，而是可以用来玩无限数量的游戏卡带。

你知道吗？

工程师拉尔夫·贝尔设计的布朗盒子原型机，促成了奥德赛游戏主机的诞生，他因此被称为"电子游戏之父"。

1980 年，太空侵略者游戏发布，它的大规模流行让雅达利 2600 型游戏主机的销量急剧上升。

电子游戏的发展不仅仅包括实体游戏主机的设计，还包括游戏本身的设计，这扩大了电子设计的范围，并涉及更多的软件编程。传统上，设计师创造的是实体对象，而现在，他们也在创造数字世界中的物体、景观、角色和情节。

二十世纪八十年代的雅达利游戏主机。

工业设计

要知道的词

收入：企业或个人通过出售产品或服务所赚取的金钱。

过剩：超过所需。

拯救游戏的设计

1978 年至 1983 年期间，电子游戏产业人气飙升。1983 年，电子游戏产业收入达到顶峰，约为 32 亿美元，但是随后，市场却迅速衰退了。到 1985 年，产业收入跌至 1 亿美元左右。虽然有很多因素导致了该产业的这次崩盘，但主要的问题是游戏主机匆忙生产和大量供货，以及未经完善测试的大量劣质电子游戏充斥市场。

雅达利 2600 型游戏主机的成功让许多其他公司跃跃欲试。第三方开发商将他们的劣质游戏推入市场，这就使未售出的过剩游戏机和低质量的游戏在市场上滞销，商店要么把它们退给制造商，要么降价。行业崩溃导致一些开发商和游戏主机制造商倒闭或完全放弃电子游戏市场，当时的新闻报道宣布游戏风潮就此结束。

一种新型的游戏控制手柄

最初的任天堂娱乐系统（Nintendo Entertainment System, NES）游戏控制手柄改变了人们与电子游戏的互动方式。早期的电子游戏通常采用了复杂的、难以使用的控制手柄，NES 控制手柄简单的矩形形状符合人体工程学设计，使用起来更加舒适，玩家们可以用拇指快速按下按钮。随着功能的增加，NES 控制手柄也允许开发者设计更复杂的游戏。游戏设计者可以为控制手柄上的"选择"和"开始"按钮添加子菜单，玩家可以通过它们选择新的功能和对象等。虽然游戏控制手柄的设计历经多年变迁，但许多游戏控制手柄仍然使用任天堂的基础设计。

幸运的是，能够重振产业的设计已经在开发过程中了，在数千千米之外的日本，工业设计正在进行中。

看到雅达利早期在美国的成功，另一家日本公司——任天堂，想尝试是否能设计出更好的产品。任天堂在游戏方面已经有了一些经验，它已经在日本制造了一系列备受欢迎的街机和专门的家用游戏主机。任天堂工程师上村雅之（Masayuki Uemura）接受了一个重要的任务：设计一款基于可更换游戏卡带的游戏主机，他的灵感来自任天堂流行的被称为"Game & Watch"的掌上游戏主机系列。

当任天堂发布了多屏幕版本的 Game & Watch 时，上村意识到玩家在游戏时喜欢抬头看第二个屏幕，而不是低头看正在操作的手。

他还注意到，玩家们喜欢用方向键控制手柄。他在开发家庭电脑游戏机（Family Computer）的过程中使用了这两种设计元素。任天堂于 1983 年在日本发布了红白机（Famicom，家庭电脑游戏机的俗称），到 1984 年底，它已经成为日本最畅销的游戏主机。任天堂随后将注意力转向美国市场。

1985 年的任天堂游戏主机。

工业设计

当时，美国电子游戏市场正在衰退，店家们对是否要进货一台很可能难以销售的新游戏主机犹豫不决。任天堂和上村决定在设计上做一些改变，将红白机定位为电子玩具或娱乐系统，而不是简单的另一款电子游戏主机。

为此，他们对游戏主机的设计做了一些改变，因为上装式的红白机看起来太像游戏主机了，他们将其改为前装式设计，灵感来自录像机，这使得它可以更容易地与其他娱乐设备（如录像机）一起放在电视架上。任天堂还开发了一种被称为 R.O.B. 机器人的外设，有两款游戏支持这种配件，这让 NES 更像一个电子玩具。

他们修改了红白机的名称，将其作为任天堂娱乐系统出售，以区别于当时其他的游戏主机。

任天堂也从雅达利游戏主机的错误中吸取了教训。NES 推出时，拥有一个强大的游戏库，其中有 18 款高质量游戏，任天堂还仔细审查和控制第三方开发商每年可以为其游戏主机发布的游戏数量。

第三方开发商必须获得许可才能为任天堂系统开发游戏，每年只能发布两款游戏，这确保了市场不会充斥着低质量的游戏。

你知道吗？

1995 年 8 月 14 日，任天堂在北美和欧洲都停止了 NES 的开发。

电子游戏设计师

有些设计师开发电子游戏主机的硬件，而还有一些设计师则是自己创造游戏，电子游戏设计师负责电子游戏的内容和环境。在设计之初，设计师们会对他们的想法进行详细的描述，他们对游戏情节、角色和游戏玩法等各个部分进行规划，他们不仅要对故事线集思广益，还必须考虑到玩家在游戏中可能进行的每一个互动或动作。设计团队会定期召开会议，审查新的游戏创意，并筛选最棒的创意进行开发。一旦选择了一个游戏创意进行开发，电子游戏设计师就会与计算机程序员和艺术家密切合作，以确保他们的想法被准确地转化为代码和艺术作品。

工业设计

1985 年，当任天堂在美国推出 NES 时，它已经重新设计了这款游戏主机，并在美国玩家中重塑品牌。任天堂试图向美国人展示，NES 是一种新的东西，与近年来令人失望的电子游戏主机是不同的。

他们成功了，之后好几年，NES 成为美国领先的游戏主机，这使得任天堂成为游戏行业的主要力量。

苹果的 iMac

在二十世纪八十年代，以 IBM 为代表的许多电脑制造商都采用了中性的米色和朴素的设计来生产他们的产品，米色被认为可以减少用户的眼睛疲劳。到了八十年代中期，全美国家庭中数以百万计的个人电脑看起来几乎都是一样的——一个长方形的米色盒子、一个笨重的米色显示器、一个米色键盘、一个米色鼠标，虽然电脑内部的技术有所进步，但外观依然如故。

iMac G3 电脑和 iBook 笔记本电脑。
图片来源：Michael Gorzka

1998 年 8 月，苹果公司推出了 iMac G3，这是一台色彩鲜艳的半透明电脑，在米色的海洋中，iMac 显得别具一格。

首先，它是一个一体化的设计。它将显示器、处理器和硬盘结合在一起，整体呈水滴形，并且顶部设计有一个提手，半透明的塑料机身让人可以一窥电脑的内部构造。然后，加上一个半透明的键盘和鼠标，就形成了这一整套设备。当时，苹果首席执行官史蒂夫·乔布斯说，iMac 看起来像是来自另一个星球。

从技术上讲，iMac 与当时的其他电脑并无太大区别，然而，它的与众不同之处在于，它被设计成了一台独立的互联网电脑。所有 iMac 都内置了一个电话调制解调器，用于访问互联网，而其他电脑则需要外加附件才能提供这一功能。

到 1998 年年底，iMac 成为苹果有史以来销售最大的电脑。虽然 iMac 并没有改变人们使用电脑的方式，但它的设计对电脑行业产生了巨大的影响，它打破了电脑看起来必须沉闷无趣的神话，竞争者们纷纷开发自己的电脑，采用更加柔和的形状和颜色。

你知道吗？

如今的苹果公司停产 27 英寸 iMac，最新一代的 iMac 在睡眠模式下的能耗比第一代 iMac 降低了 96%。

苹果的应对措施是提供五种颜色的 iMac：粉色、浅绿色、紫色、橙色和浅蓝色。

通过 iMac，苹果重新获得了其作为消费类电脑产品领先制造商的地位，它也为苹果新产品的开发和发布打开了大门，这些产品都以 iMac 为中心，如 2001 年的 iPod、2007 年的 iPhone 和 2010 年的 iPad。对于苹果来说，iMac 取得了巨大的成功，乔纳森·艾维对 iMac 的设计标志着电脑不再仅仅是完成工作的工具，而是成为一种时尚的设备。

消费类电子产品改变了人们相互交流、分享信息、观看或收听娱乐节目的方式，要将这些产品带入我们的生活，工业设计是不可或缺的一部分。随着智能家居、智能汽车和智能手机等新技术的设计和问世，未来将会展现出更多的改变。对于创造这些产品的设计师来说，电子设计的未来令他们期待和神往。

过去和现在

自二十世纪七十年代第一台个人电脑问世以来，个人电脑的设计发生了巨大的变化，你可以在互联网浏览计算机的发展简史。

▶ 选择两台电脑进行对比，一台是早期设计的，一台是过去五年内设计的。在家长的允许下，利用互联网和图书馆调研这两台电脑的设计和发展情况。当你在调研时，请思考以下问题：

※ 电脑在当时遇到了什么问题或需求？

※ 设计者在设计过程中做出了哪些选择来满足这些需求？

※ 电脑的外形与功能有何关系？

※ 设计师在美学上做了哪些选择？它们是如何反映当时的品位的？

※ 设计师是否考虑了人体工程学和绿色设计？如果有，他们是如何处理的？

※ 现有的技术是如何影响设计的？

※ 两台电脑的哪些设计特点是相同的？为什么？

※ 从早期的计算机到最近的计算机，在设计上有什么变化？为什么要做这些改变？

▶ 准备一张图表来对比这两台电脑的设计，找出它们的异同。

试一试！

在你当地的电子产品商场里逛一逛，或者翻一翻最新的产品目录，研究可供选择的不同型号的电脑，并探索它们的设计特点，包括屏幕大小、颜色、形状、材质和技术。哪些功能是相同的？哪些是不同的？这些特征如何使电脑对某类买家更具吸引力？

绘制电路图

电子设计人员需要了解电、电路和电路设计。在绘制电路设计图时，设计人员用符号代替文字或图片，符号是表示某种东西的记号、字母，电路符号使图表更加容易理解。当然，它们也是通用的，这意味着任何了解它们的人，无论他们说什么语言，都能读懂电路图。在电路图中，设计人员使用了许多符号，你可以在互联网上找到一些重要的电路符号。

电路图显示的是电路的连接方式和电子元件，它并不直接展示它们在电路板上的实际排列方式，只是显示它们如何连接以及电流如何流动。创建电路图有助于工程师更好地构建电路。

例如，一个简单的电路有四个部分：一个开关、一个电源（电池）、一个负载（灯泡）和导线。你可以在互联网上找一些比较简单的电路图作为参考。

现在轮到你了，为以下每个应用场景画出电路图。

※ 将三节一号电池放在一个电池组中，用它为装有三个灯泡的电路供电。

※ 将单节电池、灯泡和开关一起放在电路中，使开关可以打开和关闭，从而控制灯泡。

试一试!

自己设计一个电路，然后画出电路图。想一想，这张电路图别人能看懂吗？

像设计师一样思考

有时候工业设计师会想要把现有的产品做得更好，他们通过增加或减少功能、改变材料、调整形状和大小等方式改进设计，使产品对消费者更有用、更具吸引力。

▶ 列出你每天使用的电子产品清单，如智能手机、智能手表、电视机、iPod、电子游戏机、音响、DVD播放器、计算器、闹钟、体重秤等。选择其中一个你想改进的。

▶ 思考以下问题：

※ 你是因为什么而使用这个设备？

※ 你喜欢它的哪些功能？你不喜欢的功能是什么？

※ 你对它的工作方式有哪些不满意的地方？

※ 你希望它获得哪些目前还没有的功能？

▶ 像设计师一样思考。你会为这款产品做哪些改变？你会增加或减少哪些功能来改进设备的设计？画一张设计草图来解释你的想法，请记住，设计师在选择最终设计之前会画出多个版本的产品设计图。

▶ 当你选择了最终的设计方案后，创建一个简单的模型。当你拿着你的原型机时感觉如何？它的大小是否合适？你能舒适地使用它吗？你还需要对你的设计进行哪些修改？

试一试！

试着重新设计一个流程而不是一个产品。你每天都在做的事情，比如穿衣服或走到公共汽车站，是否可以做一些更好的改变？

计算机辅助设计

产品设计不仅仅是创造一些好看的东西，工业设计师需要了解产品是如何工作的，以确保它的功能和性能对用户是有用的。

通过计算机辅助设计（Computer-Aided Design，CAD）软件，设计师可以同时研究设计的产品的外观和功能。CAD 软件让原本通过笔和纸进行的设计可以在计算机上完成，这样可以加速设计过程，提高工作效率。从时装到汽车制造，每个生产行业的工业设计师都会在设计过程中使用 CAD 软件。无论产品或行业，CAD 软件都能让设计师探索想法、将设计可视化、创建虚拟模型，并最终进行生产。

核心·问题

新手设计师使用 CAD 软件可以获得哪些好处？它有哪些缺点？

要知道的词

计算机辅助设计：用于创建二维和三维图纸的软件。

制图：绘制要建造的东西的图纸。

计算机辅助制造：利用计算机制造零件或原型。

精度：准确的程度。

CAD 的历史

在 CAD 软件诞生之前，所有的设计工作都是手工完成的。多年来，设计师们用铅笔、纸张和其他手工绘图和制图工具创建新的设计，这意味着设计过程往往是非常乏味和耗时的！如果犯了错误，他们还不得不重新开始。

在第二次世界大战期间，情况慢慢发生了变化。战争引发了包括早期计算机在内的新技术的发展，这些新发展出来的技术主要用于军事领域。在接下来的几十年里，技术的改进使计算机变得更小、更快、更强大，它们也为 CAD 软件的诞生打开了大门。

二十世纪五十年代左右，CAD 软件开始出现。1957 年，帕特里克·汉拉蒂（Patrick Hanratty）在美国通用电气公司工作时，开发了第一个商用计算机辅助制造（Computer-Aided Manufacturing，CAM）系统，他的系统被命名为数值化工具操作程序（Program for Numerical Tooling Operations，

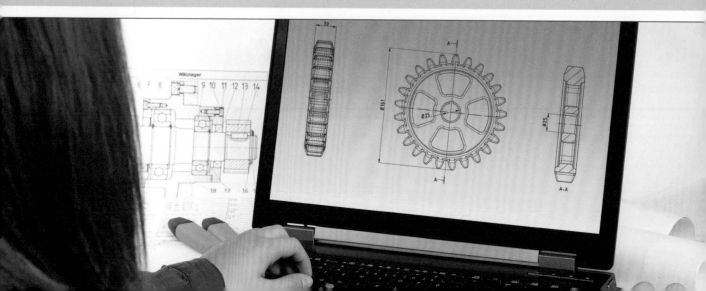

用 CAD 进行设计。
图片来源：Thomas-Soellner

PRONTO），借此来实现机床在制造过程中的自动化。

五年后，到了 1963 年，伊万·萨瑟兰在麻省理工学院（MIT）工作时，开发出了一款创新的 CAD 软件程序 Sketchpad。在使用 Sketchpad 时，设计师使用光学触控笔在电脑显示器上绘画，与电脑进行互动。汉拉蒂和萨瑟兰所做的工作是今天 CAD 软件最初的雏形，他们早期版本的 CAD 软件为未来更复杂的软件程序奠定了基础。

航空航天和汽车行业是 CAD 软件的第一批用户。

与传统的手工设计技术相比，这些行业希望充分利用 CAD 更高的精度和效率。当时，你在商店里是买不到 CAD 软件程序的，而对于公司，它们有自己的程序员开发个性化的 CAD 程序，这是专门为它们的产品和需求而定制的。汉拉蒂在二十世纪六十年代中期帮助通用汽车研究实验室设计了一个 CAD 系统，命名为计算机自动设计系统（Design Automated by Computer，DAC）。

你知道吗？ 萨瑟兰的 Sketchpad 需要在拥有强大计算能力的计算机上才能良好运行。所以，它只能在麻省理工学院林肯实验室的 TX-2 计算机上稳定工作——这是当时世界上最强的计算机之一。

超越产品设计

CAD 软件可以在产品设计以外的领域发挥作用。例如，一些 CAD 软件可以让设计人员创建制造某种产品的特定工具，一些 CAD 软件可能会让设计者为工厂找到最高效的布局，而还有些软件可以帮助设计师确定当产品达到使用年限时该如何处理。

二十世纪七十年代，第一个三维（3D）CAD 软件被开发出来，设计师第一次可以在屏幕上创建和查看他们设计的三维图像。这个时期，通用 CAD 软件也进入了市场，它使更多的人和行业采用 CAD 作为产品设计过程的一个环节。1981 年，国际商业机器公司推出了第一台个人计算机，这一技术的实现标志着 CAD 软件将广泛应用于设计行业。今天，CAD 几乎被应用于各行各业的设计项目中。

设计师如何使用 CAD

CAD 软件可以完成许多复杂的任务。产品设计师使用 CAD 程序设计产品并记录设计过程，许多设计师已经用计算机生成的草图取代了传统的纸笔绘图。通过 CAD，设计师可以创建二维（2D）图纸或三维模型，这些模型可以旋转并从任何角度查看，它们看起来几乎和成品一模一样。

二维 CAD 模型是平面的二维图纸，二维图纸展示了物品的布局，并提供了制造它们所需的信息，例如，它有多高、多长、多宽。三维 CAD 模型可以显示产品中每个单独组件的更多细节，除了显示物品的尺寸和形状外，三维 CAD 模型还显示了这些部件是如何协同工作的。对于生产具有许多复杂部件的产品的制造商来说，三维 CAD 模型是非常有用的。

使用 CAD 可以加快生产进程。当设计师需要对设计进行修改时，他们不再需要重新绘制整个设计或蓝图。相反，他们可以使用 CAD 数字文件，只做必要的修改，而保持其他部分不变。当设计完成后，CAD 软件会产生电子文件，供制造或加工使用，输出的文件也包含有材料、工艺、尺寸等细节的相关信息。

CAD 的作用不仅仅是让设计师画草图和建立虚拟模型。

今天的 CAD 软件允许设计师通过仿真来全面分析他们的设计。模拟创建了一个虚拟环境，它的外观、触感和动作都与现实世界一样，从而可以方便地测试设计。在没有创建物理原型的情况下，设计师可以使用仿真来测试他们的模型，看看它在加热、受力和其他条件下有何反应。通过仿真，设计师可以在不必建立实物模型的情况下弄清楚他们的设计的优势和弱点，这可以节省大量的时间和金钱。

计算机辅助工业设计：一种用于制作产品外观和触感的设计软件，它通常提供了比传统设计软件更多的创造空间。

纹理贴图：将图案或图像应用于三维模型的表面，使其看起来更加逼真。

矢量图像：以点、线和形状的形式保存在计算机中的数字图像。

假肢：人造的身体部位。

例如，对椅子进行仿真时，可能需要测试椅子对不同重量的反应。如果虚拟的椅子模型在一定的重量下出现裂缝，设计师可以回到原来的设计中去调整，使椅子更加坚固，能够承受更大的重量。

此外，CAD 软件还可以模拟现实世界中难以建造和测试的极端环境，从而测试产品在这种环境中的工作情况，比如龙卷风中的帐篷。CAD 软件可以让设计师和工程师在生产开始前就发现缺陷并进行修复，从而节省资金和时间。

你知道吗？

虽然大多数专业的产品设计师都在使用商业 CAD 软件，但也有一些免费的软件供初学者使用，他们可以借此积累经验。

计算机辅助工业设计

计算机辅助工业设计（Computer-Aided Industrial Design，CAID）是 CAD 软件的一种。CAID 和 CAD 软件都能使设计者在制造开始前建立产品的三维模型，不过，CAID 软件通常更具有艺术性，而 CAD 则更具技术性。

CAID 软件给了设计师更多的自由，它可以轻松地对物体的形状和形态进行实验。通过 CAID 软件，工业设计师可以使用许多可视化工具，他们可以创建看起来像照片一样真实的图像，他们可以将图案或图像应用到三维模型上，使表面看起来更加逼真，这个过程称为纹理贴图。设计师还可以在模型上突出不同的表面，使其看起来尽可能逼真。

虽然 CAID 的设计过程更具有艺术性，但其精度不如 CAD。通常情况下，设计师会同时使用两种类型的软件，他们可能在 CAID 中创建一个新的设计，然后转换成可以在 CAD 系统中工作的设计文件。在 CAD 中，设计团队可以更专注于技术、产品测试和生产筹备。

精确和可控

使用 CAD 进行产品设计有很多优势，其中最大的优势是，它能让设计师在创建数字草图和三维模型时更加精确和可控。以前，即使是最精确的草图或铅笔画，也总不可避免会有一些小的误差，而在用计算机创建图纸或模型时，CAD 软件使用的是矢量图像。矢量图像使用数学公式而非纸笔来绘制设计，软件将数学方程转化为用线条或曲线连接的点，这些构成了你在 CAD 图形中看到的所有不同形状。矢量图像允许设计师在不降低精度的情况下改变设计的比例。

制作假肢

CAD 可以用来制造假肢，传统的假肢是通过手工铸造的，工人们制作出一个模具，然后由该模具制作假肢。有了 CAD，设计师就可以使用扫描仪获得患者肢体和关节的数字图像。然后，他们可以用 CAD 软件将扫描图像转化为三维模型，他们可以根据需要调整模型，并将数字文件发送给制造商来制造假肢。2017 年的一项研究对比了为小腿截肢患者制作假肢的两种方法，结果表明，接受以 CAD 技术制作假肢的患者对新肢体的适应速度，比使用以传统方法制作的假肢的患者快得多，使用 CAD 假肢的患者可以走得更远，痛感更小。

要知道的词

栅格捕捉：在软件中，使用不可见的网格将线条放置在完美的水平线和垂直线上。

设计师也会使用 CAD 中的工具来更精确地绘制，其中一个工具是栅格捕捉，它使用一个不可见的网格将线条放在完美的水平线和垂直线上。这样，设计师可以更容易地确保他们的设计是一个特定的长度、面积或体积。

以三维方式查看设计

在工业设计中，能够在三维空间看到产品是至关重要的，这是了解一个设计是否能按其预期的方式工作以及是否美观的最好方法。传统的纸质草图无法做到这一点，这是因为在一张二维的纸上很难做出三维的物体。使用 CAD 软件使设计师可以轻松地进行三维设计，他们可以从一开始就进行三维设计，或者将二维设计扩展到三维空间。

3D 打印

3D 打印是 CAD 设计最惊艳的应用之一。3D 打印机将材料一层又一层地铺设下来，它可以从 3D 数字模型中构建出几乎所有种类和任何形状的实物。设计师们已经使用 3D 打印机来创建实物原型和模型。例如，这些打印机已经被用于汽车和航空航天行业，以及医疗保健领域。

图片来源：enmyo

使用三维设计有许多优点。首先，它使设计者有能力创建一个看起来很像成品的虚拟物体。通过 CAD 软件，设计师可以从各个角度查看虚拟模型，甚至可以在模型上移动。设计师还可以通过将外层透明化来观察虚拟物体的内部。看到虚拟的成品，可以让设计师更容易找到缺陷并进行修复。此外，这也是一种向客户展示产品的绝佳方式，这样就可以在生产开始前就获得客户的意见和建议，然后对产品设计进行修改。

你知道吗？

产品设计中最著名的 CAD 程序之一是 SolidWorks（CAD 设计绘画软件），这是一款实体建模软件，设计师可以快速有效地创建三维实体。当你徒步旅行或骑自行车时，你是否使用过驼峰牌户外水壶？它很有可能就是用 SolidWorks 设计的！

在 CAD 软件被开发出来以前，这些修改大多发生在设计过程的原型阶段。CAD 的应用，减少了每一个设计步骤对众多实物原型的需求，从而降低了成本，缩短了完成设计所需要的时间。

在 CAD 之前，如果设计师想要为现有的产品创建一个更新的版本，他们必须手工绘制全新的草图。如果他们在新的草图中出现任何错误，他们就必须使用橡皮擦修改，或者重新开始，这可能会花费很多时间！

有了 CAD，这些问题就迎刃而解了。如果设计师不小心犯了一个错误，他们往往可以通过点击"撤销"来方便地删除它。如果做比较大的改动，也同样简单，设计师可以修改设计中每个单独的部分，而不改变整体设计中的其他对象或线条，他们也可以通过打开早期版本的设计文件，回到错误发生前的版本，这样就采用了很简单的方法修复大的问题。

工业设计

当创建一个现有产品的更新版本时，CAD 使这个过程变得更加简单。设计师不再需要回到设计过程的最开始，他们只需要打开一个现有的设计文件，并修改他们想要改变的功能即可。只需轻松点击几下，他们就可以改变产品的颜色和材质，这使得定制化设计变得更快、更容易！

设计师们可以对 CAD 软件创建的设计方案进行测试，看看它们如何应对各种情况和环境。

许多情况下，设计过程中 CAD 仿真设计可以取代实物原型。在 CAD 软件中建立的设计方案还可以直接转换为代码，被由计算机控制的制造机器所识别，这可以使生产过程更加精确和高效。

工程师正在设计并打印一架铝制飞机的部件。

图片来源：Kelly White, U.S. Air Force

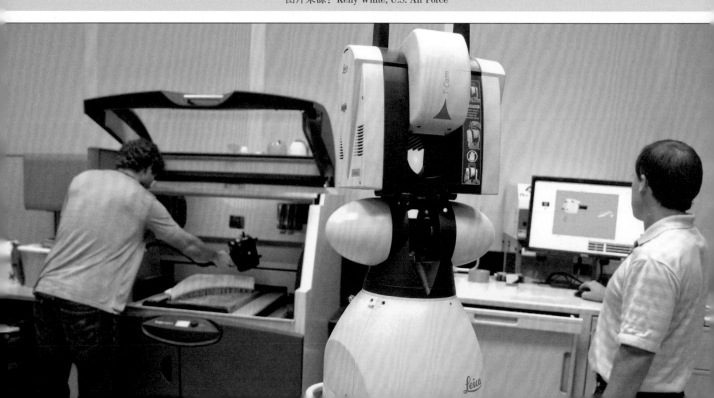

第五章　计算机辅助设计

对 CAD 软件的反思

虽然 CAD 软件有很多好处，但它并不总是最完美的解决方案。有些人认为用铅笔和纸绘制传统草图的方法可以帮助设计师更快地找到解决原始设计问题的方法，草图可以帮助培养设计师寻找创新解决方案的能力，用电脑屏幕和鼠标代替传统的草图绘制，可能会阻碍创意过程。

此外，用 CAD 进行设计可能会导致设计师过多地关注产品的外观，而不是它的功能。电脑可以让设计师变得更有效率，但如果设计团队过于关注技术，而没有花足够的时间去了解问题，那么它所创造的看似光鲜的产品可能就不能满足人们的需求。

为了解决这些弊端，一些 CAD 软件程序增加了虚拟草图工具。通过平板电脑和其他触摸屏，设计师可以在虚拟表面上手工"绘制"设计草图，然后将草图转化为数字文件。这种方法有助于设计师在使用 CAD 软件时，重新点燃解决设计问题的创意火花。喜欢纸质草图的设计师还可以使用转换软件，将他们的纸质草图在 CAD 中变成可用的矢量图像。

CAD 软件几乎可以用来设计任何东西，从咖啡杯到赛车它都能胜任。当你环顾你的家，你所看到的一切，包括面包机、沙发和游戏主机，很可能都曾经用 CAD 软件创建过三维虚拟模型。虽然这个工具可以帮助设计师提高工作效率，但它并没有改变工业设计的总体目标——解决问题。

第六章

工业设计因需求而变

　　每个产品都是从设计开始的。无论是椅子、手机还是咖啡机，我们使用的所有产品都是从设计开始的。工业设计师既要考虑外观，又要考虑功能，只为提供用户最佳体验，激发产品与用户之间的情感联系。

　　在当今这个互联互通的全球市场，好的工业设计比以往任何时候都重要。为了做出最好的设计，工业设计师必须了解客户不断变化的需求，同时，他们需要将新的趋势融入他们的设计中。未来几年，设计师需要在设计方案中考虑各种因素，从可持续性的解决方案到物联网（Internet of Things，IoT）。

核心问题

　　未来的工业设计可能会发展成什么样子？

具有可持续性的解决方案

在世界各地,可持续发展是一个热门话题,尽管许多人不知道它的确切含义。对一些人来说,可持续性的概念意味着保护环境。然而,可持续发展所涉及的内容远不止于环保。

根据联合国的说法,可持续性的设计或发展是"既能满足当代人需求,又不损害后代人满足自身需求能力的发展",这涉及平衡生态保护需求以及经济发展需求。

要知道的词

物联网：连接到互联网的日常设备，它们有微小的传感器来收集、存储和处理数据。

可持续发展：既能满足当代人需求，又不损害后代人满足自身需求能力的发展。

这座建筑在设计时就为树木的生长留出了空间。它为什么是一个可持续性设计的范例？树木和其他植物对生活和工作在这栋楼里的人们的健康有何贡献？

工业设计

要知道的词

报废：扔掉或处理掉某物的过程。

毒素：有毒或有害的物质。

回收：转化为可用的材料。

越来越多的设计师被要求在产品设计中提出符合可持续发展要求的解决方案，设计师们正在做的一项工作是对产品的整个生命周期进行设计和规划。要把产品送到你的家里，需要经过许多步骤。从制造、运输到使用和报废，每一步都是产品生命周期的一部分，在每一个步骤中，都有机会减少能源的使用或减少浪费。

为了使产品符合可持续发展要求，设计师要选择使用更少的材料，以减少能源的使用和废物的产生。

绿色材料

具有可持续性的设计包括选择具有以下特点的绿色材料。

- 无毒：当它们分解时，不会向环境中释放毒素。
- 丰富性：原材料大量存在，长时间内不会有枯竭的危险。
- 易繁殖：可以很容易地种植、收割，然后重新种植。
- 快速再生：可以快速再生，如竹子、有机棉、软木、天然橡胶等。
- 废弃物少：生产过程中产生的废弃物少。
- 可回收、可再循环或可生物降解：已经被使用了，但仍可以作为另一种产品使用，或者可以被安全地分解然后进入土壤。这类材料产生的废弃物较少，并且节省能源。如果达不到这些要求，就需要开发新的材料来满足可持续性设计要求了。

设计师们选择对环境无毒的绿色材料，并且最大限度地减少产品的能源消耗。他们在生产过程中尽量寻找减少浪费的方法，并且试图创造出在生命周期结束时可以回收或重复使用，而不是直接被扔掉的产品。通过可持续性设计，工业设计师可以对他们的产品设计做出负责任的选择。

节能设计

在世界各地，人们越来越意识到节约能源的重要性，因为煤和石油等传统化石燃料能源是有限的，储量越来越少。此外，这些燃料还会对环境造成危害。

社会影响设计

如果你听过或看过相关的新闻你就会知道，世界各地还有许多人需要帮助。无论是逃离内战的难民还是身体有缺陷的伤残人士，他们的生活其实是可以通过工业设计得到改善的。一个轻巧的背包、一个便携的太阳能灯、一个安全的容易打开的药瓶等，这些都是工业设计改善他们生活的例子。想一想，你在日常生活中看到的哪些困难可以通过更好的设计来解决？

要知道的词

温室气体：大气中的一些气体。它能吸收热量，且与全球变暖有关。

全球变暖：地球大气层的整体温度逐渐升高。

碳足迹：在产品或服务的整个生命周期中，一个人、家庭或社区在一年内排放的二氧化碳和其他温室气体的总量。

轻量化：创造使用很少材料的设计。

燃烧化石燃料会向大气中释放二氧化碳和其他温室气体，这会引起全球变暖。因此，制造商越来越关注他们在生产过程中使用的能源消耗量，消费者也开始关注他们每天正在使用多少能源以及他们在地球上留下多少碳足迹。

随着能源使用意识的提高，人们对节能方案的需求变得比以往任何时候都强烈。

你知道吗？

轻量化是一种可持续发展的设计策略，它的要求是用更少的材料来制造产品，使产品的重量更轻，使它对环境的影响更小。

今天，你可以购买节能的灯具、洗碗机、冰柜、冰箱等，这还不是全部！设计师们会持续创造出越来越多的节能产品，这些产品在未来几年将变得更加普遍。

用户体验设计

近年来，用户体验（User Experience，UX）一直是优秀产品设计的重要组成部分。用户体验设计的结果是，产品既能使用，又能给消费者带来愉悦，它关注的是人对产品体验的每一个细节。

例如，一部智能手机可能外观很酷炫，但如果它很难操作，并且不能与你使用的其他技术很好地整合，它就不可能带给用户好的体验。

用户体验是如何形成的？当你拿到一部新的智能手机时，你会快速形成第一印象。随着时间的流逝，你使用手机的时间越来越长，你对它的印象也会发生变化。在这段时间里，你会获得令人难忘的用户体验——这个体验可能是好的，也可能是很差的。

当设计师了解了用户体验是如何形成的之后，他们就可以利用这些信息来创造更好的设计。为了做到这一点，设计师会考虑一个产品的三个方面：用户为什么要选择这个产品？他们想用这款产品做什么？如何能够以一种易于使用和令人愉悦的方式满足用户的功能需求？（为什么、做什么和怎么做）通过解决这些问题，设计师可以创造出更好的产品，为用户提供更有意义的体验。

苹果公司的 iPhone 就是一个拥有较好用户体验的设计范例。

当它刚问世时，iPhone 提供的用户体验远远领先于当时的任何其他手机。看到了苹果产品在提供良好用户体验方面取得了重大成功之后，很多其他公司也加入了这个行业。

产品设计师在设计过程中与产品经理紧密合作，他们不断与客户一起测试新的想法和原型机。例如，GoPro 是一家成功的制造运动相机的公司。GoPro 将用户体验设计融入所有产品中，它只有在客户完全认可原型机后才会批量生产产品，这样它才为用户提供了最佳的体验。

工业设计

要知道的词

传感器：测量和记录物理特性的设备。

嵌入：将某物体牢固地镶在其他物体的内部。

全球化：通过贸易、货币和劳动力实现世界经济的一体化。

相互依存：两个或两个以上的人或事物相互依赖。

为了第一时间了解用户体验，公司有一个计划：让员工有时间去探索自己的兴趣，并用GoPro相机记录自己的体验。该计划将员工变成了用户，帮助公司更好地了解和改善用户体验。

智能与连接

智能产品无处不在。智能冰箱、智能插座、家庭安全系统和运动传感器等都是你家中可能拥有的一些智能产品，智能产品融合了良好的设计和最新的技术，设计这些产品需要包括从工业设计师到软件工程师在内的整个专家团队的努力。

许多智能产品还可以接入互联网，它们是物联网设备的一部分。物联网是一组日常使用的物品组建起来的网络，它们可以连接到互联网，并且

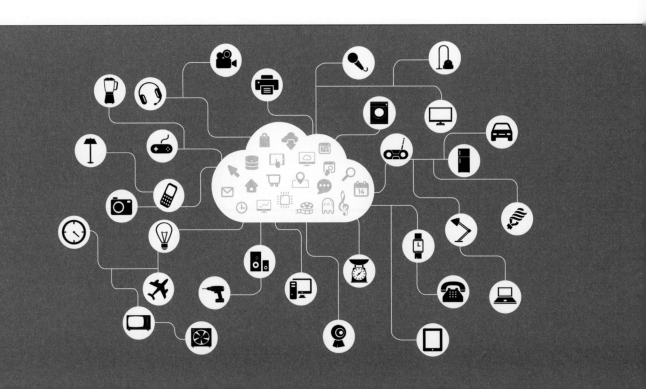

它们之间也相互连接。嵌入智能产品之中的微小的传感器和软件，管理着设备的运行，并通过互联网收集和交换数据。

属于物联网的设备并不是你用来上网的普通电脑和笔记本电脑。相反，这些设备是传统上不与互联网连接的设备，或者是不需要人操作就能与互联网进行通信的设备。这就是为什么智能手机不算是物联网设备，但健身带却是。

对于设计师来说，物联网设备收集的数据是非常有用的。以前，一些设计上的缺陷只有在产品向公众推出并经过很多人使用之后才能发现，公司通过与客户的会面和讨论来收集产品的反馈——这可能非常耗时。

然而，物联网设备可以收集运营数据，并自动发送给公司工程师和设计师。

公司需要了解客户是如何使用产品的、哪些功能是最受欢迎的、哪些功能几乎没有被接触过，公司还需要了解产品的哪些部分没有按照设计的要求来工作。所有这些信息都有助于设计师调整和改进他们的设计。

全球设计

通过全球化，世界相互联系和相互依存的关系更加显著，资金、技术、原材料和成品迅速地跨越国界流动。由于全球化，公司可以在全世界范围内销售产品，因此，工业设计师必须考虑全球客户不同的文化、信仰、品位和偏好。许多全球性的公司已经发现了这一点，它们创建了一个核心产品后，同时推出了这款产品的不同版本，以适应全球特定的地区和客户。

要知道的词

服务器：通过网络连接处理各种请求，并且向其他计算机提供数据的计算机。

虚拟现实（VR）：不是实际存在的，而是由软件制作出来的场景，看起来就像现实一样。

增强现实（AR）：将计算机生成的图像叠加在用户真实世界感知上的一项技术。

身临其境：虚拟的三维图像环绕在用户周围，仿佛置身真实场景一样。

应用云计算的 CAD

传统的产品设计是一步步进行的，每一步都是在下一步开始之前完成的。但在一些公司，团队需要同时进行不同的步骤和任务。通常情况下，团队成员可能会在不同的地方工作：有人可能在波士顿的家里，而有人却在芝加哥的公司总部，也有人在西班牙的承包商办公室工作。

虽然 CAD 软件在许多方面使设计过程更加高效，但它仍在不断变化，以适应人们协同工作的新方式。一些公司正在转向基于云计算的软件，这可以让多人在世界任何地方同时从事设计项目的不同部分。通过云计算，团队成员可以在任何时间、任何地点使用 CAD 软件，只要他们连接上了互联网。

当团队在项目上共同工作时，对设计的任何更改几乎都会即时传达给每个成员。因此，创新能力可以突飞猛进，任何设计问题都可以及早发现并解决。

什么是云计算？

云计算是通过互联网提供的计算服务，如服务器、存储、数据库、网络、软件等。简单地说，公司不是将计算机硬件和软件保存在办公室的服务器上，而是由云计算提供商为其处理异地信息。供应商维护必要的服务器和存储硬件，处理和存储公司的信息。当公司需要其信息或需要使用某个应用程序时，员工只需通过互联网即可访问。

虚拟现实和增强现实

CAD软件允许设计师以三维方式查看他们的设计，新的虚拟现实（Virtual Reality，VR）和增强现实（Augmented Reality，AR）设计工具使这个方面更进了一步，它能让设计师以更加真实的方式看到他们设计的全貌。

VR让用户在一个计算机模拟的沉浸式虚拟现实环境中以真实的方式进行交互。用户通过特殊的设备看到一个三维显示器，通过移动他们的头部，他们可以看到上面、下面和侧面的情况。在产品设计中，VR使设计师能够在设计和制造过程的每个阶段更好地看到虚拟仿真模型并与之互动，他们可以在实体原型制作或生产开始之前就发现并修复问题。

通过先进的计算机技术，VR原型可以让虚拟产品在外观和感觉上与在现实生活中一模一样。

VR还可以为客户创造一种身临其境的体验，通过戴上VR头罩，客户可以以近乎逼真的方式与产品进行互动和体验。然后，他们可以提出他们希望看到的改进或变化，或者指出他们在产品的人体工程学设计中发现的问题。

AR技术类似于VR，但与VR不同的是，它可以让用户保持对现实世界的充分感知。AR将额外的虚拟信息叠加到用户对周围环境的感知上，这为用户提供了额外的虚拟内容，但仍然允许他们与实际环境进行互动。

有的用户将 AR 技术比作拥有 X 射线般的透视视觉，AR 技术可以在产品制造之前就模拟出产品及它在现实世界中的工作情况。

设计师还可以使用 AR 来检查产品的人体工程学设计。例如，他们可以测试一个新游戏控制手柄的 AR 版本，看看按钮的位置是否正确，或者是否应该调整。设计和生产工程师可以用虚拟原型重新设计和重新测试，直到他们把设计做到恰到好处。

自从手工业者们设计和制作单个商品以来，工业设计已经走过了漫长的道路。今天，设计师们使用先进的技术和软件来帮助他们创造人们想要的、需要的和喜欢使用的产品。然而，设计的最终目标还是一样的：找到解决某个问题的最佳方案。

你知道吗？

VR 在医疗保健和军事行业的应用越来越广泛了。

设计一个符合人体工程学的遥控器

设计师在他们创造每个产品时都会考虑到人体工程学。人体工程学是研究如何设计出安全、让用户感觉舒适且易于使用的产品或工作场所的学科。

人体工程学的一个重要组成部分是人体测量学，也就是对人体的测量。人的体型和身高各不相同，设计师和工程师在设计产品时会测量人体的身高或臂长等数据。在这个活动中，你将成为一名设计师，为朋友创造一个符合人体工程学的遥控器。

▶ 首先，回顾一下遥控器的设计要求。遥控器将用于打开和关闭电视、更换频道、提高或降低音量、播放 DVD 等。遥控器必须包括以下按钮：电源、播放、数字 0 到 9、停止、音量增减、暂停、频道增减、快进、静音和后退。

▶ 接下来，观察你的朋友如何使用遥控器。让他们手里拿着一个遥控器，并请他们做以下动作：

※ 按开 / 关按钮　　　　　　　　　　※ 按增 / 减按钮
※ 按数字 0 到 9 按钮

▶ 每做一个动作，观察他是用哪根手指按下按钮的。在按下按钮时，他是如何握住遥控器的？握住的是什么位置？按下按钮是轻松还是困难？把你的观察记录在你的设计笔记本上。

▶ 根据你对朋友使用遥控器的观察和设计要求，选择你朋友手的 10 个部位进行测量。利用这些测量结果，为遥控器选择合适的长、宽、高尺寸，以及确定遥控器上按钮的位置。

▶ 接下来，创建一个遥控器设计草图。你的草图中需要包括测量数据，你可能会发现创建一系列草图对设计很有帮助，每个草图都包含很多细节。当你完成草图后，用纸板、卡纸或其他材料制作一个遥控器原型，原型的尺寸是否与你的设计草图一致？如果它太长或太宽，那么就根据需要进行调整。

当原型完成后，让你的朋友拿着它并按下按钮。他们是否能够轻松舒适地使用遥控器？你是否可以对设计进行修改使其更加舒适和易于使用？改进这些地方，然后和你的朋友一起重新测试原型。

在设计遥控器的时候，你在这个活动中进行的手工测量有用吗？请解释一下。在以后的遥控器设计中，一些暂时没有用到的手部测量数据是否还有可能用上？为什么呢？

你知道吗？

"人体工程学（ergonomics）"这个词来自两个希腊词语：ergo 意为"工作"，nomos 意为"规律"。

想一想！

你使用的哪些其他设备可以继续改进，以使它们使用起来更方便、更舒适？你需要采取哪些测量方法来创建一个更符合人体工程学的设计？

你产生了哪些碳足迹?

现在和未来,设计师都被要求创造可持续发展的产品设计,衡量一个可持续发展设计的标准之一是它增加了多少你的碳足迹。碳足迹是衡量你在日常活动中排放了多少二氧化碳的指标,通过了解碳足迹,你可以成为一个更好的可持续发展解决方案的设计师。

为了了解你的碳足迹,你将关注生活中二氧化碳的四个主要来源:住房和家庭能源使用、交通、日常习惯、回收,给每个类别分配一种颜色。你将画出一幅图,通过在中心周围添加颜色环来表示你的碳足迹,环越多,说明你的碳足迹就越大。

▶ 若要估计你的碳足迹,请回答以下问题:

1. 住房和家庭能源使用

※ 你是住在独栋住宅里(4环)还是住在公寓或单元楼中(2环)?

※ 你是否使用节能灯泡? 是(0环)或不是(1环)

※ 你是否有一个可编程的恒温器? 有(0环)或没有(1环)

※ 你是否使用具有节能标志的电器? 是(0环)或不是(1环)

2. 交通

※ 你家是否拥有一辆或多辆汽车? 每辆小型车(1环)、中型或大型车(2环)

※ 你是否定期更换汽车的空气过滤器和并检查轮胎压力? 是(0环)或不是(1环)

※ 在过去的一年中,你是否乘坐过飞机? 是(1环)或不是(0环)

3. 日常习惯

※ 你是素食主义者吗？是（1环）或不是（2环）

※ 你是否吃有机食品？是（0环）或不是（1环）

※ 你是否在刷牙或洗碗时保持水龙头在开启状态？是（1环）或不是（0环）

※ 你是否每周给草坪浇好几次水？是（1环）或不是（0环）

4. 回收

※ 你是否对生活垃圾进行回收？是（1环）或不是（2环）

※ 你是否对厨房和庭院垃圾进行处理？是（0环）或不是（1环）

▶ **看一看你完成的画。你的碳足迹有多大？**

※ 哪些源头使你的碳足迹增加最多？

※ 你和你的家人可以做些什么来减少碳足迹？

※ 设计如何帮助你减少碳足迹？

想一想！

　　温室气体在地球大气层中捕获热量，使地表温度升高，升高的气温正在引起世界各处陆地、海洋和大气的变化，这可能会极大地影响地球上的生命。这是否会促使你愿意去减少碳足迹？

设计一个绿色易拉罐支架

当你在商店里购买碳酸饮料时，你会发现厂商通常将六个汽水罐用塑料薄膜固定在一起，设计的初衷是为了方便产品的打包与运输。虽然目的很好，但并不环保。当塑料薄膜被随意丢弃后，野生动物可能会被它们缠住。另外，塑料需要几百年的时间才能分解，可能会持续向环境中释放污染物。你能想出一个解决这些问题的绿色设计吗？

你的任务是设计一个能容纳六个易拉罐的支架，它既要环保、对动物安全，又要使用方便。收集以下材料用于你的产品：

※ 六个易拉罐　　　　　※ 胶带　　　　　　　※ 剪刀

※ 纸板　　　　　　　　※ 蜡纸　　　　　　　※ 油漆搅拌器

※ 纸张　　　　　　　　※ 绳子　　　　　　　※ 橡皮筋

▶ **尽情发挥你的创意**。当你在思考创意并集思广益的时候，请思考以下问题：

※ 已经有哪些其他类型的容器或支架？

※ 你将如何将易拉罐固定在一起？

※ 如何携带这个易拉罐支架？

※ 如何从支架上取下易拉罐？

▶ **画出你的一些想法**。你还需要其他材料吗？

利用你的材料，制作一个易拉罐支架的原型。一旦完成，就去测试它。它能用吗？它是否会弯曲或扭曲？如何使它更坚固？它的弱点是什么？支架对改善环境有什么帮助？

想一想！

你的支架在报废时会发生什么？你使用的是否是可以回收的材料？如果不是，你能用可回收材料重新设计支架吗？

改进现有的设计

工业设计师会想方设法改进现有的设计。有时，设计师会在现有产品的基础上，通过改变使用的材料数量和类型，或者改变产品的包装，使其更符合可持续发展和环保要求。

▶ 在你的家里寻找几个在可持续发展或环保方面可以进一步改进的产品，利用设计流程制定一个改进原设计的方案。

▶ 将你提出的设计方案与同学们分享。

想一想！

你为产品更符合可持续发展要求而进行了一些改动，这些所做的改变是否也影响了产品的其他方面？这些影响是有益的还是负面的？请解释一下。

改进蜡烛

你可能认为蜡烛已经没有什么可以再改进的地方了，但是，你可以换个角度，去改进烛台的设计！设计师本杰明·西恩（Benjamin Shine）发明了这样一个烛台：它可以收集融化的蜡，并在初始蜡烛燃尽时将其塑造成一支全新的蜡烛。这样，一支蜡烛的钱就能买到两支蜡烛！

INDUSTRIAL DESIGN: WHY SMARTPHONES AREN'T ROUND AND OTHER MYSTERIES WITH SCIENCE
ACTIVITIES FOR KIDS BY CARLA MOONEY, ILLUSTRATED BY TOM CASTEEL
Copyright © 2018 BY NOMAD PRESS
This edition arranged with SUSAN SCHULMAN LITERARY AGENCY, LLC
through BIG APPLE AGENCY, INC., LABUAN, MALAYSIA.
Simplified Chinese edition copyright:
2023 Hunan Juvenile & Children's Publishing House Co. Ltd
All rights reserved.

图书在版编目（CIP）数据

工业设计 /（美）卡尔拉·穆尼文；（美）汤姆·卡斯蒂尔图；龙浩译 .—长沙：湖南少年儿童出版社，2023.6
（孩子也能懂的新科技）
ISBN 978-7-5562-6982-2

Ⅰ . ①工… Ⅱ . ①卡… ②汤… ③龙… Ⅲ . ①工业设计—青少年读物 Ⅳ . ① TB47-49

中国国家版本馆 CIP 数据核字（2023）第 053882 号

孩子也能懂的新科技·工业设计
HAIZI YE NENG DONG DE XIN KEJI · GONGYE SHEJI

总 策 划：周　霞　　　　　策划编辑：刘艳彬　万　伦
责任编辑：万　伦　　　　　质量总监：阳　梅
特约编辑：徐强平　　　　　封面设计：仙境设计
营销编辑：罗钢军

出 版 人：刘星保
出版发行：湖南少年儿童出版社
地　　址：湖南省长沙市晚报大道 89 号　　邮编：410016
电　　话：0731-82196320
经　　销：新华书店

常年法律顾问：湖南崇民律师事务所　柳成柱律师
印　　制：湖南立信彩印有限公司
开　　本：889 mm × 1194 mm　1/16　　印　　张：7.25
版　　次：2023 年 6 月第 1 版　　　　　印　　次：2023 年 6 月第 1 次印刷
书　　号：ISBN 978-7-5562-6982-2
定　　价：39.80 元